Christoph Schumacher

# Rassekaninchen züchten

71 Farbfotos
5 Zeichnungen
10 Tabellen

Ulmer

# Inhaltsverzeichnis

# Vorwort

Nie habe ich den Tag vergessen, als ich im Kindergartenalter an der Hand meines Vaters erstmals eine Rassekaninchenausstellung besuchte. Seitdem haben mich diese kleinen pelzigen Langohren in ihren Bann gezogen. Damals hätte ich mir nie erträumen lassen, dass sich aus einem einzigen Lohkaninchen, welches ich einige Jahre später als Jugendlicher von einem Nachbarn geschenkt bekommen hatte, einmal eine erfolgreiche Rassekaninchenzucht hervorgehen würde. Über die Jahre hinweg entwickelte sich eine immer größere Leidenschaft für die Rassekaninchenzucht, heute ist dieses wunderbare Hobby nicht mehr aus meinem täglichen Leben wegzudenken.

Seine Jungtiere Jahr für Jahr beim Heranwachsen zu beobachten und zu erleben, wie aus einem Wurf hilfloser Individuen zum Herbst hin prachtvolle Rassekaninchen gedeihen, fasziniert mich immer wieder auf das Neue. Das Ganze vor dem Hintergrund, seine gesetzten Zuchtziele zu verwirklichen und auf den Ausstellungen im sportlichen Wettkampf entsprechende Erfolge zu erringen.

Mit meinem Fachbuch „Rassekaninchen züchten" möchte ich ein Stück weit diese Faszination an alle „Kaninchenfreunde" und an die, die es noch werden wollen, weitergeben. Meine langjährige Erfahrung und neueste wissenschaftliche Erkenntnisse habe ich zu einem leicht verständlichen praxisnahen Ratgeber zusammengetragen. Egal, ob Züchter oder Heimtierhalter, jeder Leser kann hilfreiche und interessante Information rund um die Kaninchenzucht und -haltung in den einzelnen Kapiteln entdecken.

Bedanken möchte ich mich beim Eugen Ulmer Verlag für die Herausgabe meines Werkes und bei meiner Lektorin Frau Dr. Eva-Maria Götz für die Unterstützung bei der Manuskripterstellung. Vielen Dank auch an meine vielen Zuchtfreunde, die mich mit fachlichen Rat und Bildmaterial unterstützt haben. Mein ganz besonderer Dank gilt meiner Familie, die mich während meiner Autorentätigkeit immer wieder für lange Zeit entbehren musste, mich aber dennoch stets in meinen Vorhaben unterstützt hat.

Christoph Schumacher, Langerwehe

# Geschichte und Entwicklung des Kaninchens

Das Kaninchen gilt im Vergleich zu vielen anderen Haustieren noch als ein sehr junges Haustier. Dienten Kaninchen Ende des 19. Jahrhunderts und Anfang des 20. Jahrhunderts noch vorwiegend als Nahrungsgrundlage, besonders in Notzeiten, so ist dieser wirtschaftliche Aspekt in den letzten Jahrzehnten mehr und mehr verloren gegangen. Heutzutage stehen bei der Rassekaninchenzucht vielmehr der sportliche Wettbewerb sowie gesellschaftliche und soziale Aspekte im Vordergrund. Dabei werden die Tiere nicht mehr, wie früher oft üblich, in irgendwelchen Kisten und Bretterverschlägen gehalten, sondern überwiegend in modernen und tierschutzgerechten Stallanlagen gezüchtet. So hat sich die Rassekaninchenzucht im Laufe der Jahre den veränderten Lebensumständen angepasst und zu einer weitgehenden Umstrukturierung der Züchterschaft geführt.

Das Hobby Rassekaninchenzucht erfreut sich trotz rückläufiger Züchterzahlen nach wie vor großer Beliebtheit bei Jung und Alt. Dementsprechend stellen die Rassekaninchenzüchter auch den größten Anteil unter den Kaninchenhaltern, sie pflegen weit mehr Kaninchen als für die Mast oder als Heimtiere gehalten werden.

## Zoologische Stellung im System

Kaninchen zählen zur zoologischen Ordnung der **Hasentiere** (Lagomorphe). Hasentiere werden in zwei Familien unterteilt, die **Pfeifhasen** (Ochotonidae) und die Familie der **Hasenartigen** im engeren Sinne, als Leporidae bezeichnet.

Zur Gattung der Hasenartigen gehören sowohl der Hase (*Lepus*) als auch das Altweltliche Kaninchen (*Oryctolagus*), mit dessen einziger Art, dem Europäische Wildkaninchen *Oryctolagus cuniculus*. Dieser Begriff leitet sich wie folgt ab: oryttein, gr. = graben, kratzen; lagos, gr. = Hase; cuniculus, lat. = unterirdischer Gang, und dies be-

| | |
|---|---|
| Stamm | **Wirbeltiere (Vertebrata)** |
| Klasse | **Säugetiere (Mammalia)** |
| Ordnung | **Hasentiere (Lagomorpha)** |
| Familie | **Hasenartige (Leporidae)** |
| Gattung | **Altweltliche Kaninchen** *(Oryctolagus)* |
| Art | **Europäisches Wildkaninchen** *(Oryctolagus cuniculus)* |

Aus dem Europäischen Wildkaninchen sind durch die Zucht viele Rassen entstanden, so wie diese Kleinsilber: Häsin mit ihrem sechs Wochen alten Nachwuchs.

deutet somit wörtlich übersetzt soviel wie „unterirdische Gänge grabender Hase“. Von diesem **Europäischen Wildkaninchen** stammen alle unsere Hauskaninchen ab.

**Hinweis**
Aufgrund ihrer unterschiedlichen Chromosomenzahl können Kaninchen weder mit Hasen verpaart werden, noch sind sie Nagetiere.

## Herkunft, Verbreitung und Domestikation

Das Europäische Wildkaninchen lebte ursprünglich nur auf der iberischen Halbinsel (Spanien, Portugal) und in Nordafrika. Nachdem es dort zwischen 1100 und 1000 v. Chr. erstmals durch die Phönizier entdeckt wurde, verbreitete sich das **Wildkaninchen**, durch Handelsreisende, Seefahrer und Soldaten auf Feldzügen nach ganz Europa und sogar auf andere Kontinente. Es wurde fortan vom Menschen als Fleischlieferant genutzt. Die Römer waren es, die das Kaninchen um circa 100 v. Chr. erstmals für ihre eigene Ernährung in großen ummauerten Freigehegen, den **Leporarien**, in Gefangenschaft hielten. Dies war der erste Schritt zur **Domestikation** (Haustierwerdung).

**Tab. 1** Unterschiede zwischen Kaninchen und Hase

| | Wildkaninchen | Hase |
|---|---|---|
| Trächtigkeitsdauer | ca. 29–32 Tage | 40–42 Tage |
| Untiere pro Wurf | 4–12 | 1–4 |
| Aussehen der Jungtiere bei Geburt | nackt und blind | sehend und behaart |
| Wurfablage | Nest im Bau | geschütztes Versteck (Mulden) |
| Jungtierverhalten | Nesthocker | Nestflüchter |
| Gewicht (ausgewachsen) | 1,5–2,0 kg | 5,0–6,0 kg |
| Lebensgewohnheiten | Grabtiere, Höhlenbewohner, Fluchtttier | Lauftier (auch lange Strecken) |
| Lebensraum | Hecken, Waldränder, Parks | Feld und Wald |
| Sozialverhalten | Lebt in Gruppen (Kolonien) | Einzelgänger |
| Aussehen | Kurze Ohren und Läufe | Lange Ohren und Läufe |
| Beachtenswert | Wurden zum Hauskaninchen domestiziert | Wurde nie Haustier |
| Chromosomenzahl | 44 | 48 |

Die eigentliche Zucht von Hauskaninchen begann aber erst viele hundert Jahre später. Es wird überliefert, dass es um 550 n. Chr. die ersten zahmen, von Menschenhand kontrolliert gezüchteten Kaninchen gegeben haben soll. Wegbereiter für die unaufhaltsame Verbreitung des Hauskaninchens als schmackhafte Speise waren französische Mönche, welche die Tiere in Klöstern etwa 1000 n. Chr. bereits in Käfigen hielten.

Der erste Hinweis auf Hauskaninchen in Deutschland stammt aus dem Jahr 1149. Damals schenkte ein französischer Abt einige **Hauskaninchen** an das Benediktinerkloster Corvey im Weserland. Kaninchen galten zu jener Zeit als sehr begehrte Fastenspeise. Im Laufe der nächsten rund 300 Jahre nahm die Bedeutung des Kaninchens als Fleisch- und Pelzlieferant vor allem in Deutschland, England und Frankreich stetig zu. Zwischen dem 15. und 16. Jahrhundert wurde erstmals von Größen- und Farbunterschieden beim Hauskaninchen berichtet.

Für die weitere Verbreitung des Kaninchens sorgten vor allem der Deutsche Ritterorden (Kreuzritter) und die europäischen Kolonialmächte. Durch den sich immer weiter ausdehnenden Handelverkehr gelangten die Hauskaninchen schließlich auch nach Asien, Amerika und Australien.

## Rassekaninchenzucht in Deutschland

Die eigentliche Zucht von Rassekaninchen, wie sie uns heute bekannt ist, hatte ihre Anfänge im 18. Jahrhundert, vorwiegend in Frankreich und England. Das „Seidenkaninchen", der Urahn unseres heutigen Angorakaninchens, wurde bereits 1707 erstmals erwähnt. Etwas später, um 1730, entstanden die ersten Formen der Großsilberkaninchen.

Für den größten Aufschwung in der deutschen Kaninchenzucht sorgte wohl der Deutsch-Französische Krieg 1870/71. Bei der Besetzung Frankreichs machten die deutschen Soldaten erste Bekanntschaft mit der „modernen" Kaninchenzucht, also der Haltung der Tiere in Einzelbuchten und der zielgerichteten Vermehrung. In Deutschland kannte man bis dato überwiegend nur die Gruppenhaltung in Gehegen und Viehställen.

Den ausschlaggebenden Impuls erhielt die Rassekaninchenzucht gegen Ende des 19. Jahrhunderts mit der Gründung der ersten Kaninchenzuchtvereine in Frankreich und Deutschland. Diese legten damals schon erste Zuchtziele fest.

### Rassen, Bewertungsysteme und Standards entstehen

1880 wurde von acht Zuchtfreunden der erste deutsche Verein in Chemnitz ins Leben gerufen, die erste Ausstellung soll jedoch schon sechs Jahre zuvor in Bremen stattgefunden haben. In der Pionierzeit der deutschen Rassekaninchenzucht war ohne Zweifel Julius Lohr die treibende Kraft. Er war 20 Jahre lang Vorsitzender dieses ersten deutschen Rassekaninchenzuchtvereins und verfasste die ersten deutschen Ausstellungsbestimmungen. 1881 wurde unter seiner Leitung die erste „Werbeschau" und 1885 die erste richtige Tierbewertung mit fünf ausgestellten Rassen durchgeführt. Die Beurteilung erfolgte damals schon nach dem bis heute erhaltenen „100-Punkte-System", das ebenfalls aus der Feder von Lohr stammte.

### Immer mehr Rassen

Den Aufschwung, den die Rassekaninchenzucht in den Folgejahren nahm, erkennt man daran, dass es 1850 erst vier verschiedene Rassen gab, 50 Jahre später waren es bereits rund zwölf, man hatte zwischenzeitlich bereits über 100 Zuchtvereine in ganz Deutschland gegründet, nur wenige Jahre später waren es bereits einige hundert. Zuvor hatte sich im Jahre 1892 der „Bund Deutscher Kaninchenzüchter" gegründet, an welchem sich zunächst nur sächsische Vereine beteiligten. Keine drei Jahre später schlossen sich auch die westdeutschen Vereine zum „Bund Westdeutscher Kaninchenzüchter" zusammen, der für die Bewertung der Kaninchen im Gegensatz zum „Bund Deutscher Kaninchenzüchter" ein „30-Punkte-Bewertungssystem" als Grundlage hatte.

Parallel zur Gründung der lokalen Kaninchenzuchtvereine wurden auch die ersten Spezialclubs und Preisrichterverbände ins Leben gerufen. 1907 gab der „Bund Deutscher Kaninchenzüchter“ den ersten Einheitsstandard – als Bewertungsgrundlage galt das 100-Punkte-System – heraus, auf dessen einheitliche Anwendung man sich aber erst zwei Jahre später, auf dem 1. Deutschen Züchtertag, einigte.

Vorher hatte es neben den beiden genannten Standards auch noch einen dritten, den „Württembergischen“ oder „Süddeutschen Standard“ gegeben. Für ein Jahr (1910/1911) wurde der neu entwickelte „Deutsche Einheitsstandard“ durch den „Reichsstandard“ abgelöst. Trotzdem blieb es in Deutschland nicht lange bei einheitlichen Bewertungsrichtlinien, denn als aus dem einstigen „Westdeutschen Kaninchenbund“ der „Preußischen Landesverband“ hervorging, wurde 1912 erneut ein eigener Standard, der Preußische Landesstandard, eingeführt. Zudem entstand 1924 der „Reichsbund Deutscher Kaninchenzüchter“.

Es bleibt also festzuhalten, dass es zur damaligen Zeit eine recht unübersichtliche und vor allem uneinheitliche Struktur auf dem Gebiet der Rassekaninchenzucht gab, die durch die drei genannten Verbände begründet war. Demzufolge blieben bis 1936 auch alle Bestrebungen auf erneute einheitliche Bewertungsbestimmungen erfolglos. Erst als im Jahr 1933 der „Reichsverband Deutscher Kleintierzüchter“ gegründet wurde und die Kaninchenzüchter innerhalb dieses Verbandes ihre eigene Sparte (Reichsfachgruppe) bekamen, wurden mit den „Reichsbewertungsbestimmungen“ wieder einheitliche Regelungen und Zuchtziele erarbeitet.

### Wirtschaftsrassen waren bevorzugt

Zwischen 1933 und 1945 zielte die damalige Agrarpolitik im Zeichen des zweiten Weltkriegs darauf ab, die Fleisch- und Pelzversorgung des deutschen Volkes sicherzustellen, sodass vorrangig die Wirtschaftsrassen: Deutsche Widder, Wiener, Großchinchilla, Helle Großsilber, Kleinchinchilla und Angora gezüchtet und gefördert wurden.

Dadurch dass Kaninchen auch Küchen- und Gartenabfälle verwerten können, war auch ohne große landwirtschaftliche Nutzflächen eine sehr wirtschaftliche Haltung auf engstem Raum möglich. Da die Kaninchen auch in kleinen Hinterhöfen und sogar auf Balkonen untergebracht werden konnten, stieg die Zahl der Kaninchenhalter und -züchter vor allem in Ballungsräumen wie dem Ruhrgebiet.

Die Auswirkungen des Zweiten Weltkriegs führten dazu, dass es zwar teilweise bis zu 40 Millionen Kaninchen in Deutschland gegeben haben soll, die als Nahrungsgrundlage für viele Not leidende Menschen in diesen schweren Zeiten dienten, die eigentliche Rassekaninchenzucht jedoch als Sportzucht und Hobby mit ihrer Rassevielfalt nahezu nicht mehr existierte.

Angorakaninchen liefern eine wertvolle, weiche und wärmende Wolle, die regelmäßig abgeschoren werden kann.

**Die Zuchtschwerpunkte änderten sich**

Erst nach Ende des Zweiten Weltkriegs entstanden, bedingt durch die politische Teilung des alten Reichsgebietes, zwei neue Dachverbände. Zum einem gründete sich 1946 in der damaligen sowjetischen Besatzungszone der „Zentralverband der Kleintierzüchter" und in den westlichen Besatzungsgebieten 1948 der „Zentralverband Deutscher Kaninchenzüchter" (ZDK). Der ostdeutsche „Zentralverband der Kleintierzüchter" nannte sich seit 1959 „Verband der Kleingärtner,

Siedler und Kleintierzüchter“. Der westdeutsche ZDK wurde wiederum in einzelne Landes- und Kreisverbände sowie Ortsvereine unterteilt. Neben diesen ist auch der „Deutsche Preisrichterverband für Kaninchenzucht“ (DPV) von wichtiger Bedeutung.

Aufgrund der volkswirtschaftlichen Unterschiede zwischen den Staatssystemen der damaligen BRD und der DDR entwickelten sich in den Nachkriegsjahren innerhalb der Rassekaninchenzucht unterschiedliche Schwerpunkte. In Ostdeutschland stand vor allem die Wirtschaftlichkeit im Vordergrund. Dies belegt auch ein Zitat des bekannten ostdeutschen Fachbuchautors Dr. med. vet. Friedrich Karl Dorn in seinem Buch „Rassekaninchenzucht“ von 1981: „Das Ziel der Kaninchenzucht ist die Produktion von Fleisch, Wolle und Fellen.“ So wurden durch den Staat unter anderem gute Nutzleistungen mit hohen Ankaufspreisen der Tiere belohnt.

Im Gegensatz dazu hatten in Westdeutschland neben den wirtschaftlichen Gesichtspunkten die Erhaltung und Verbesserung von Rassen, die Herauszüchtung neuer Rassen und Farbenschläge sowie der sportliche Wettbewerb eher Priorität. Nach der Wiedervereinigung im Jahre 1989/90 wurde der ZDK die Dachorganisation für ganz Deutschland.

Im Jahr 2006 erfolgte die Umbenennung von ZDK in ZDRK: Zentralverband Deutscher Rassekaninchenzüchter, um den Rasseaspekt besser zum Ausdruck zu bringen. Zurzeit zählt der ZDRK, dem 20 Landesverbände angeschlossen sind, rund 150 000 züchtende Mitglieder, die in etwa 5 800 Vereinen und über 400 Clubs organisiert sind.

### Schönheit tritt vor Wirtschaftlichkeit

Die organisierte Rassekaninchenzucht wird heutzutage immer weniger unter wirtschaftlichen Gesichtspunkten betrachtet, sondern vielmehr sind sportliche, gesellschaftliche und soziale Aspekte dabei ausschlaggebend. In der Rassekaninchenzucht gilt das Kaninchen in erster Linie nicht als Nutztier, sondern vorrangig im züchterischen Wettbewerb als Schönheitsindividuum.

Neben dem sportlichen Wettbewerb spielen vor allem die sozialen Gesichtspunkte des Hobbys und Vereinslebens eine entscheidende Rolle. Denn Kaninchenzucht ist sinnvolle Freizeitgestaltung für jedes Alter und jede Gesellschaftsschicht, egal ob Schüler, Arbeiter oder Akademiker. Hier werden Züchterfreundschaften weit über das Vereinsleben hinaus geschlossen.

Die notwendige tägliche, oft sehr zeitintensive Einbindung in diese anspruchsvolle Freizeitbeschäftigung darf keineswegs unterschätzt werden. Dies setzt im Grunde auch ein hohes Maß an Verantwortungsbewusstsein voraus. Doch Ablenkung und Abwechslung vom Alltag sind nicht nur bei Berufstätigen für ihre geistige Entspannung bedeutsam, die alltägliche körperliche Betätigung mit den Kaninchen an der frischen Luft dient letztendlich auch der Gesunderhaltung. Durch Erfahrungsaustausch und laufende Weiterbildung des Züchters wird gerade bei Älteren zusätzlich die geistige Aktivität gefördert.

### Ausstellung und Bewertung

Die Bewertungsbestimmungen für die Beurteilung der rund 90 verschiedenen anerkannten Rassen und mehr als 370 Farbenschlägen werden im **ZDRK-Einheitsstandard** geregelt. Hier finden wir unter anderem **Musterbeschreibungen** sämtlicher Kaninchenrassen, die uns jeweils das wünschenswerte **Zuchtziel** im Hinblick auf das Erscheinungsbild des Tieres zeigen und in diesem Zusammenhang die möglichen **Fehlerquellen** aufzeigen. Neben den Gesichtspunkten zum Schönheitsideal und der Abgrenzung der einzelnen Rassen und Farbenschlägen voneinander spielen auch Aspekte des **Tierschutzes** und der Ethik eine bedeutende Rolle.

Der ZDRK-Standard unterscheidet in seiner Unterteilung nach Gewicht, Größe und Haarstruktur:

**Normalhaar**

Abt. I **Große Rassen** (zum Beispiel Deutsche Riesen, Deutsche Widder)
Abt. II **Mittelgroße Rassen** (zum Beispiel Helle Großsilber, Wiener, Neuseeländer und Alaska)
Abt. III **Kleine Rassen** (zum Beispiel Kleinsilber, Holländer und Lohkaninchen)
Abt. IV **Zwergrassen** (Zwergwidder, Zwergschecken, Hermelin und Farbenzwerge)

Abt. V **Haarstrukturrassen** (Satin)
Abt. VI **Kurzhaarrassen** (Rexe)
Abt. VII **Langhaarrassen** (zum Beispiel Angora, Jamora und Fuchskaninchen)

Darüber hinaus erfolgen weitere Unterteilungen in:
Abt. VIII **Herdbuchabteilung**
Abt. IX **Neuzüchtungen**
Abt. X **Erzeugnisse aus der Kaninchenzucht**

Die Bewertung der Rassekaninchen erfolgt durch speziell ausgebildete **Preisrichter** des Deutschen Preisrichter-Verbandes (DPV), welche die Tiere auf Rassekaninchenausstellungen beurteilen. Die Ergebnisse werden auf **Bewertungsurkunden** dokumentiert.

**Tab. 2** Bewertungskriterien des ZDRK Standards

| Position | Bewertungsposition | Maximalpunktzahl |
|---|---|---|
| 1 | Gewicht | 20 Pkt. |
| 2 | Körperform, Typ und Bau | 20 Pkt. |
| 3 | Fellhaar bzw. Wolle | 15 Pkt. |
| 4 | Spezifisches Rassemerkmal | 15 Pkt. |
| 5 | Spezifisches Rassemerkmal | 15 Pkt. |
| 6 | Spezifisches Rassemerkmal | 10 Pkt. |
| 7 | Pflegezustand | 5 Pkt. |
| gesamt | | 100 Pkt. |

**Tab. 3** Noten und Prädikate bei der Bewertung in den Alttierklassen

| Wertnote | Prädikat | Abkürzung |
|---|---|---|
| 100–97,0 Punkte | vorzüglich | (v) |
| 96,5 Punkte | hervorragend | (hv) |
| 94,0–96,0 Punkte | sehr gut | (sg) |
| 92,0–93,5 Punkte | gut | (g) |
| 90,0–91,5 Punkte | befriedigend | (b) |
| Unter 90,0 Punkte | nicht befriedigend | (nb) |

Gültig ab März 2010

**Hinweis**

Außer in Position 1 können in allen übrigen Positionen halbe Punkte vergeben werden. Neben dem Unterschreiten der Wertungspunktzahl führen die folgenden Punkte ebenfalls zum Werturteil **nicht befriedigend**:

- ein sogenannter schwerer Fehler (Ausschlussfehler)
- das nicht Erreichen des vorgeschriebenen Mindestgewichts
- das Überschreiten des zulässigen Höchstgewichts
- die Vergabe in der Position 2 von weniger als 15 Punkten, in den Positionen 3, 4 und 5 weniger als 11 Punkten, in der Position 6 von weniger als 6 Punkten und in der Position 7 von weniger als 3 Punkten

Bewertungsurkunden von Tieren, die aufgrund von Krankheiten, Ungezieferbefall oder fehlerhafter oder fehlender Kennzeichnung von der Bewertung ausgeschlossen wurden, sind mit dem Vermerk **ohne Bewertung** (o.B.) versehen.

Neben den ZDRK-Standard regeln die **Allgemeinen Ausstellungs-Bestimmungen** die Durchführung von Kaninchenausstellungen im Rahmen des ZDRK.

Die Bewertung auf internationalen Ausstellungen erfolgt nach dem 1979 eingeführten **Europastandard**, bei dem die Bewertungsgrundlagen teils vom denen des ZDRK-Standards abweichen. Doch auch hier die Bewertung nach dem 100-Punkte-System mit sieben Bewertungspositionen.

**Tab. 4** Bewertungskriterien des Europastandards

| Position | Bewertungsposition | Maximalpunktzahl |
|---|---|---|
| 1 | Typ und Körperform | 20 Pkt. |
| 2 | Gewicht | 10 Pkt. |
| 3 | Fell | 20 Pkt. |
| 4 | Spezifisches Rassemerkmal | 15 Pkt. |
| 5 | Spezifisches Rassemerkmal | 15 Pkt. |
| 6 | Spezifisches Rassemerkmal | 15 Pkt. |
| 7 | Pflegezustand | 5 Pkt. |
| gesamt | | 100 Pkt. |

### Zuchtgruppenwettbewerbe

Meist erfolgt die Siegerermittlung auf Ausstellungen nicht nur in der Prämierung von Einzelsiegertieren sondern auf Grundlage von „Sammlungs- oder Zuchtgruppenwettbewerben". Diese Zuchtgruppen bestehen aus einer Rasse und Farbe. Für das Austragen von Meisterschaften sind drei unterschiedliche Arten von Zuchtgruppen zugelassen:

**Zuchtgruppe I:** Bestehend aus einem Elterntier (egal welches Geschlechts) mit 3 Nachkommen aus einem Wurf (Wurfgeschwister) des laufenden Zuchtjahres.

**Zuchtgruppe 2:** Bestehend entweder aus 4 Wurfgeschwistern oder jeweils 2 Wurfgeschwistern aus 2 verschiedenen Würfen des laufenden Zuchtjahres.

**Zuchtgruppe 3:** Bestehend aus 4 Tieren aus beliebigen Würfen des laufenden Zuchtjahres, es müssen jedoch beiderlei Geschlechter vertreten sein.

### Jungtierbewertung

Die Bewertung von Jungtieren – Tiere vom 3. Lebensmonat bis zum vollendeten 8. Lebensmonat – auf Jungtierschauen erfolgt nach gesonderten Bestimmungen. Jungtiere erhalten hierbei, unter Vergabe von sogenannten Hilfspunkten die Wertnoten sehr gut, gut, befriedigend und nicht befriedigend.

Den Wertnoten entsprechen die folgenden **Leistungspunkte**: sehr gut = 8 Punkte, gut = 6 Punkte, befriedigend = 4 Punkte. Die Noten „hervorragend" und „vorzüglich" gibt es bei Jungtierbewertungen nicht. Pos. 1 bleibt bei der Jungtierbewertung unberücksichtigt. Wenn Gewichtsprobleme vorhanden sind, werden diese in Pos. 2 bewertet. Bei Pos. 7 werden nur negative Bemerkungen geschrieben.

Die **Hilfspunkte** werden den Leistungspunkten nach einem Schrägstrich angefügt. Sie geben die positiven Bemerkungen, abzüglich der negativen Bemerkungen/Feststellungen bei der Bewertung des Tieres wieder. Sie reichen von sehr gut 7 (Beispiel: sg 8/7), der Höchstpunktzahl = sehr gut in allen Positionen über bis befriedigend 0 (b 0) mit drei und mehr negativen Positionen.

### Die Benotungsmöglichkeiten im Einzelnen

1 positive Bemerkung = 8/3
2 positive Bemerkungen = 8/4
3 positive Bemerkungen = 8/5
4 positive Bemerkungen = 8/6
5 positive Bemerkungen = 8/7
Beispiele für die Kombination von positiven und negativen Bemerkungen:
3 positive und 1 negative Bemerkung = Note 8/4
1 positive und 1 negative Bemerkung = Note 6(gut)/2, ebenso 2 positive und 2 negative
1 positive und 2 negative Bemerkungen ergibt die Note 6/1

**Hinweis**
Links im Internet zu entsprechenden Bewertungskarten:
http://www.w168emsdetten.de/Kaninchen/Bewertung/bewertung.html
http://www.w207hirschberg.de/html/bew_-beisp_.html

### Herdbuchbewertung

Bei der Herdbuchzucht fließen neben dem äußeren Erscheinungsbild auch Leistungsaspekte wie Fruchtbarkeit, Wurfstärke, Aufzuchtleistung und andere über die Körnote mit in die Beurteilung ein. Ziel ist die Züchtung von besonders erbfesten Zuchtstämmen. Die bei der **Körung** ermittelte Körnote des Vaterstieres fließt später in einige Herdbuchklassen (Schauformen) mit ein. Alle ausgestellten Nachkommen müssen aus dem laufenden Zuchtjahr sein. Bei den Klassen 1 bis 4 wird die Körnote des Vaters zu den Bewertungsergebnissen der Einzeltiere zur Sammlungsbewertung addiert.

**Es wird in den folgenden Klassen bewertet**
**Klasse 1: Großer Stamm**
1,0 mit 3 + 4 = 7 Nachkommen
Vater mit einmal drei und einmal vier Nachkommen (jeweils Wurfgeschwister) von zwei verschiedenen Häsinnen.
**Klasse 2: Großer Stamm**
4 + 4 = 8 Nachkommen
Zweimal vier Wurfgeschwister von zwei verschiedenen Häsinnen, aber einem Vatertier.
**Klasse 3: Großer Stamm**
1,0 mit 3 + 2 x 2 = 7 Nachkommen
Vater mit einmal drei Nachkommen (Wurfgeschwister) einer Häsin und zweimal zwei Nachkommen (jeweils Wurfgeschwister) von einer Häsin.
**Klasse 4: Großer Stamm**
4 + 2 x 2 = 8 Nachkommen
Einmal vier Nachkommen einer Häsin und zweimal zwei Nachkommen von einer Häsin (jeweils Wurfgeschwister). Alle Nachkommen müssen vom gleichen Vater abstammen.
**Klasse 5: Familien- oder Wurfgeschwistersammlung**
1,0 oder 0,1 mit drei Nachkommen oder vier Wurfgeschwister
**Klasse 6: Einzeltiere**
Die Elterntiere müssen im Herdbuch erfasst sein.

## Beliebte Kaninchenrassen im Kurzportrait

Mit der riesigen Rassevielfalt hat der potenzielle Rassekaninchenzüchter die sprichwörtliche Qual der Wahl bei der Entscheidung, welche Rasse und welchen Farbenschlag er nun am liebsten züchten möchte. Neben dem persönlichen Gefallen am Aussehen an einer Rasse sollten auch Überlegungen zu den Rahmenbedingungen für einen erfolgreichen Zuchtbeginn mit in die Entscheidungsfindung einfließen. Dazu gehören insbesondere die Aspekte Platz- und Futterbedarf, auf die im Kapitel „Kaninchenhaltung“ ab Seite 122 näher eingegangen wird.

Man muss sich ferner darüber im Klaren sein, ob neben dem eigentlichen Hauptziel, der Züchtung für Ausstellungen, eher die Nutzleistung wie Fleisch- oder Wollerzeugung im Vordergrund stehen oder das eine oder andere Tier als Heimtier an Liebhaber abgegeben werden soll. Zudem gibt es immer wieder bestimmte Moderassen, die sich eine Zeit lang besonderer Beliebtheit erfreuen.

**Nicht nur die Schönheit zählt**

Vor der Entscheidung für eine bestimmte Rasse sollte man sich in jedem Fall genau über deren Eigenheiten informieren. Hierzu zählen neben den Vitalaspekten wie Fruchtbarkeit, Frohwüchsigkeit, Futterverwertung und durchschnittliche Wurfstärke auch die Charaktereigenschaften, die durchaus von Rasse zu Rasse unterschiedlich sein können. Hierüber geben neben Fachbüchern auch erfahrene Züchter der betreffenden Rassen gerne Auskünfte. Eine kleine Orientierungshilfe können auch die nachfolgenden Kurzportraits einiger beliebter Kaninchenrassen bieten.

**Tipp**

Grundsätzlich würde ich einem Anfänger raten, nur mit einer in Hinblick auf Standardanforderungen möglichst „leicht" zu züchtenden Rasse in die Zucht einzusteigen. Nach gewonnener Erfahrung besteht dann immer noch die Möglichkeit, sich anspruchsvolleren Rassen zu widmen.

## Deutsche Riesen wildfarben (DR)

**Geschichte**

Das Deutsche Riesenkaninchen stammt ursprünglich aus Belgien (Flandern) und gelangte um 1885 nach Deutschland. Anfänglich handelte es sich dabei um eine reine Wirtschaftsrasse. Die „Flämischen Riesen" sollen bereits erstmals 16. Jahrhundert gezüchtet worden sein.

**Rassemerkmale**

- Kopf und Ohren
- Deckfarbe und Schattierung
- Zwischen- und Unterfarbe

**Gewicht**

Normalgewicht über 7,00 kg, Höchstgewicht 11,5 kg

**Besonderheiten und Wissenswertes**

Mit einer verlangten Körperlänge von 72 cm sind die Deutschen Riesen grau nicht nur die schwerste, sondern auch die größte aller anerkannten Kaninchenrassen. Wichtiges Zuchtziel ist die Erhaltung des Riesentyps. Das besondere Augenmerk liegt aber auch Kopf und Ohren, die im harmonischen Verhältnis zur Körpergröße stehen sollten. Schwierigkeiten in der Zucht macht neben der zu kurzen Körperlänge häufig auch die Fellstruktur dieser Kaninchen.

Deutsche Riesen stellen aufgrund ihrer imposanten Größe hohe Ansprüche an Platz- und Futterbedarf. In der Regel zeichnen sie sich

Die größte aller anerkannten Kaninchenrassen sind die majestätisch anmutenden Deutschen Riesen wildfarben.

durch große Wurfstärken aus und ziehen problemlos acht und mehr Jungtiere auf. Dem gegenüber steht jedoch lange Wachstumszeit bis zum Erreichen des Idealgewichtes. Ihr Wesen ist meist ruhig und gutmütig.

Neben den grauen Farbenschlägen sind bei den Deutschen Riesen auch die eher seltenen Farben Schwarz, Blaugrau, Blau, Chinchillafarbig und Gelb zugelassen. Die meist etwas kleineren Deutschen Riesen weiß und die Deutschen Riesenschecken, besonders im Farbenschlag Schwarz-Weiß, findet man hingegen häufiger auf Ausstellungen.

## Deutsche Widder (DW)

### Geschichte

Die ersten Kaninchen mit herabhängenden Ohren sollen bereits um 1810 aufgetreten sein und hatten ihre ursprüngliche Bestimmung als Fleischproduzenten. 1869 gelangten die ersten Widderkaninchen nach Deutschland und werden seither besonders wegen ihrer Wirtschaftlichkeit geschätzt. Sie zählen zur Abteilung der Großen Rassen.

### Rassemerkmale

- Kopfbildung
- Behang
- Farbe und Zeichnung

Der Behang der Deutschen Widder wildfarben wird bis zu 45 cm lang.

**Gewicht**
Normalgewicht über 5,50 kg, Höchstgewicht 9,0 kg

**Besonderheiten und Wissenswertes**
Der Deutsche Widder ist die größte anerkannte Kaninchenrasse mit herabhängenden Ohren, auch Behang genannt. Ihren Namen haben sie durch die rassetypische gewölbte Form ihres Kopfes (Ramsnase) erhalten, die dem eines männlichen Schafes ähnelt. Der zwischen den Ohrenansätzen stark ausgeprägte Wulst (Krone) ist ebenfalls eine Besonderheit der Widderkaninchen. Die Behanglänge beträgt zwischen 38 und 45 cm. Der Körper selber ist gedrungen, breit und massig. Das Widderkaninchen gilt generell als ein besonders ruhiges und ausgeglichenes Kaninchen.

Am häufigsten finden wir die Widderkaninchen in den grauen Farbenschlagsabstufungen. Zugelassen sind weiterhin die Farbenschläge weiß, sowohl mit roten als auch blauen Augen, sowie fast alle anderen einfarbigen Farbenschläge. Neben diesen sind auch thüringerfarbige und mantelgescheckte Tiere zugelassen.

## Helle Großsilber (HGrS)

**Geschichte**
Die Hellen Großsilber, eine Mittelgroße Rasse, haben ihren Ursprung in Frankreich, wo sie Champagne genannt werden. Diese Kaninchen traten dort erstmals um 1700 auf und zählen somit zu den ältesten bekannten Kaninchenrassen. Nach Deutschland wurden die Hellen Großsilber erstmals 1911 eingeführt, wobei sie ihren heutigen Namen erst im Jahre 1942 erhielten.

Helle Großsilber sind bei ihrer Geburt noch blauschwarz.

**Rassemerkmale**
- Silberung und Stich sowie deren Gleichmäßigkeit
- Deckfarbe und Gleichmäßigkeit
- Unterfarbe

**Gewicht**
Normalgewicht über 4,50 kg, Höchstgewicht 5,50 kg

**Besonderheiten und Wissenswertes**
Die Jungtiere der Hellen Großsilber sind bei Geburt blauschwarz gefärbt und beginnen sich erst ab etwa der vierten Lebenswoche zu silbern. Die endgültige Silberung wird erst im Alter von sechs bis sieben Monaten erreicht. Die Kunst besteht darin, eine möglichst gleichmäßige, dem Standard entsprechende Silberung zu erzielen. Durch ihren gedrungenen und walzenförmigen Körperbau eignet sich diese Rasse gut als Fleischlieferant und zählt aufgrund seiner Widerstandfähigkeit und seiner bekannt guten Fruchtbarkeit zu den am meisten verbreiteten Kaninchenrassen. Helle Großsilber zählen, anders als die Kleinsilber-Kaninchen zu den eher ruhigeren Rassen.

## Blaue Wiener (BlW)

**Geschichte**
Der Blaue Wiener stammt ursprünglich aus Österreich und wurde dort 1895 zum ersten Mal ausgestellt. Wenige Jahre später gelangte diese mittelgroße Rasse von dort aus auch nach Deutschland. Schon vor dem Zweiten Weltkrieg wurden die auffallend guten Leistungseigenschaften dieser Wirtschaftsrasse sehr geschätzt, auch heutzutage

Beim Blauen Wiener ist besonders auf eine „mittelblaue“ Deckfarbe Wert zu legen.

zählt der Blaue Wiener noch zu den meistgezüchteten und beliebtesten Rassen überhaupt.

**Rassemerkmale**
- Kopf und Ohren
- Deckfarbe und Gleichmäßigkeit
- Unterfarbe

**Gewicht**
Normalgewicht über 4,25 kg, Höchstgewicht 5,25 kg

**Besonderheiten und Wissenswertes**
Frohwüchsig- und Fruchtbarkeit sowie eine gute Fellqualität zeichnen die Blauen Wiener besonders aus. Die Haltung in Außenstallungen kann problematisch sein, denn aufgrund der nicht lichtbeständigen blauen Farbe, sollte man direkte Sonneneinstrahlung vermeiden.

Das Hauptaugenmerk in der Zucht, liegt neben dem rassetypisch leicht gestreckten und walzenförmigen Körperbau, dem kräftigen Kopf und gut aufgesetzten Ohren, auf einer „mittelblauen“ Deckfarbe. Insgesamt steht die Rasse derzeit auf einem sehr hohen Zuchtstand, den es zu halten gilt. Blaue Wiener gelten als relativ zutraulich und manchmal auch lebhaft.

Beim Grauen Wiener unterscheidet man zwischen unterschiedlichen Grautönen.

## Graue Wiener (GrW)

**Geschichte**
Diese in dunkelgrau, wildgrau und hasengrau anerkannte Rasse gab es bereits vor dem Zweiten Weltkrieg unter dem Namen Deutsches Kaninchen. Ihren heutigen Namen erhielt sie erst im Jahr 1962 mit ihrer Zuordnung zu den Wienerkaninchen. Seither erfreut sich der Graue Wiener stetig steigender Beliebtheit, was sich auch an seinem guten Zuchtstand widerspiegelt.

**Rassemerkmale**
- Kopf und Ohren
- Deckfarbe und Gleichmäßigkeit
- Zwischen- und Unterfarbe

**Gewicht**
Normalgewicht über 4,00 kg, Höchstgewicht 5,00 kg

**Besonderheiten und Wissenswertes**
Trotz seiner Farbe ist der Graue Wiener keineswegs eine einfach zu züchtende Rasse, denn Grau ist nicht gleich Grau! Es Bedarf viel Feingefühl, die verschiedenen grauen Farbenschläge Eisen- oder Dunkelgrau, Wildfarben sowie Hasenfarbig rein zu züchten und sauber voneinander zu differenzieren.

Rote Neuseeländer kommen keineswegs, wie der Name vermuten ließe, aus Neuseeland, sondern aus Kalifornien.

## Rote Neuseeländer (RN)

**Geschichte**

Der Name hat nichts mit der Herkunft der Rasse zu tun, wie man zunächst vermuten könnte. Diese mittelgroße Rasse wurde seit 1910 in Kalifornien als reines Wirtschaftskaninchen gezüchtet. Aufgrund der guten Mastergebnisse führte man die Roten Neuseeländer bereits wenige Jahre später nach Europa und um 1930 schließlich auch nach Deutschland ein.

**Rassemerkmale**

- Kopf und Ohren
- Deckfarbe und Gleichmäßigkeit
- Unterfarbe

**Gewicht**

Normalgewicht über 4,00 kg, Höchstgewicht 5,00 kg

**Besonderheiten und Wissenswertes**

Rassetypisch ist die satte rote Deckfarbe, der die Rasse ihren Beinamen verdankt. Der Körper ist leicht gestreckt und walzenförmig. Der Rote Neuseeländer zählt zu den derzeit beliebtesten Kaninchenrassen, wozu auch sein meist ruhiger Charakter beiträgt.

Der Weiße Neuseeländer war einst eine reine Wirtschaftsrasse.

## Weiße Neuseeländer (WN)

**Geschichte**
Auch der Weiße Neuseeländer wurde um 1916 in den USA zur reinen Fleisch- und Pelzerzeugung herausgezüchtet. Nach dem Zweiten Weltkrieg hielt der Weiße Neuseeländer auch in Deutschland Einzug, wo er 1960 erstmals als Rassekaninchen ausgestellt wurde. Neben der zunehmenden Beliebtheit als Ausstellungskaninchen diente der Weiße Neuseeländer seither wie kaum eine andere Rasse als Fleischlieferant, besonders in der ehemaligen DDR.

**Rassemerkmale**
- Kopf
- Ohren
- Farbe und Gleichmäßigkeit

**Gewicht**
Normalgewicht über 4,00 kg, Höchstgewicht 5,00 kg

**Besonderheiten und Wissenswertes**
Der Weiße Neuseeländer ist eine mittelgroße und auffallend blockige Kaninchenrasse mit kräftigem Kopf und fleischigen Ohren. Er ist rein weiß und mit seinen roten Augen genetisch ein echter Albino.

Auffällig sind seine guten Leistungseigenschaften, insbesondere seine Frohwüchsigkeit, was für Wirtschaftsrassen typisch ist. Vom Charakter ist der Weiße Neuseeländer meist ein sehr ruhiger Zeitgenosse.

Das Thüringer Kaninchen mit seinem rußartigen Schleier erfreut sich steigender Beliebtheit.

## Thüringer (Th)

**Geschichte**
Gegen Ende 19. Jahrhunderts entstand diese mittelgroße Rasse eher zufällig, wie der Name schon sagt, im Thüringerwald. Nach anfänglichen Schwierigkeiten wurden die Thüringer 1908 zunächst wegen der typischen Färbung unter dem Namen „Gemsfarbige Thüringer" anerkannt, ehe sie später ihren Beinamen verloren. Obwohl das Thüringerkaninchen in punkto Fleisch und Fell ein ausgesprochen leistungsfähiges Kaninchen ist, hat es erst in den letzten Jahren den endgültigen Durchbruch mit entsprechend großer Verbreitung gefunden.

**Rassemerkmale**
- Deckfarbe
- Abzeichen
- Unterfarbe

**Gewicht**
Normalgewicht über 3,5 kg, Höchstgewicht 4,25 kg

**Besonderheiten und Wissenswertes**
Die Deckfarbe der Tiere ist gelbrötlich braun mit dunkel gespitztem Grannenhaar, welches einen rußartigen Schleier bildet. Am Kopf tritt deutlich eine rußfarbige „Maske" hervor. Ebenso sind die Ohren und Läufe dunkelrußartig. Auch an den Seiten und Hinterschenkeln zieht sich ein breiter rußartiger Streifen entlang. Über die Intensität dieser rußfarbigen Abzeichen weichen die Meinungen mitunter stark vonei-

nander ab. Eine Besonderheit der Thüringerkaninchen besteht darin, dass sie mit fortschreitendem Alter oft nachdunkeln.

Nicht zuletzt wegen ihrer Frohwüchsigkeit und guten Aufzuchteigenschaften erfreuen sich die Thüringer großer Beliebtheit und gehören sicherlich zu den attraktivsten und wirtschaftlichsten Mittelgroßen Rassen.

## Hasenkaninchen (Ha) rotbraun

### Geschichte

Die Hasenkaninchen blicken auf eine rund 150-jährige Zuchtgeschichte zurück. Erstmals wurden sie 1860 in Belgien ausgestellt. Einen wesentlichen Anteil an der Entwicklung des heutigen grazilen Rassetyps hatten jedoch vor allem Züchter aus England, wo es um diese Rasse einen regelrechten Boom gab. In Deutschland wurden Hasenkaninchen erstmals im Jahre 1900 der Öffentlichkeit vorgestellt.

### Die Rassemerkmale

- Läufe
- Deckfarbe und Schattierung
- Zwischen- und Unterfarbe

Das wohl grazilste aller Kaninchen ist das Hasenkaninchen.

**Gewicht**
Normalgewicht über 3,5 kg, Höchstgewicht 4,25 kg

**Besonderheiten und Wissenswertes**
Den Namen Hasenkaninchen hat die Rasse wegen ihrer äußerlichen Ähnlichkeit mit den echten Hasen. Der Körper ist langgestreckt mit langen Läufen und einem entsprechend hohen Stand. Der Hals tritt vergleichsweise deutlich ins Auge. Der Kopf ist feiner und schmaler als dies bei den meisten anderen Rassen der Fall ist. Die dünnfleischigen Ohren passen sich entsprechend dem schnittigen Rassetyp an. Das Hasenkaninchen gilt zwar als Sportrasse, ist jedoch aufgrund seiner wegen der dünnen Fellhaut guten Schlachtausbeute als eine sehr wirtschaftliche Rasse einzustufen. Hasenkaninchen gelten mitunter als sehr lebhaft.

Neben den rotbraunen Hasenkaninchen werden auch die wesentlich selteneren Hasenkaninchen weiß (Albinos) und als Neuzüchtung in Lohfarbig gezüchtet.

## Alaska (Al)

**Geschichte**
Das Alaskakaninchen ist eine deutsche Herauszüchtung aus Schwarzsilber-, Holländer-, Russen- und Havannakaninchen und zählt zu den eher jüngeren Rassen. 1907 wurden sie erstmals ausgestellt. Ursprüngliche Grundidee für die Zucht war ein edles Pelzkaninchen, dessen Fell dem des schwarzen Alaskafuchses nahekommen sollte.

Das Fell des Alaskakaninchens hat ursprünglich das Fell des schwarzen Alaskafuches zum Vorbild, daher der Name.

**Rassemerkmale**
- Kopf und Ohren
- Deckfarbe und Gleichmäßigkeit
- Unterfarbe

**Gewicht**
Normalgewicht über 3,25 kg, Höchstgewicht 4,00 kg

**Besonderheiten und Wissenswertes**
Beim Alaskakaninchen handelt es sich um ein blockiges, mittelgroßes Kaninchen. Charakteristisch ist seine glänzende tiefschwarze Deckfarbe. Zur Vermeidung von Verfärbungen sollte daher direkte Sonnenstrahlung möglichst vermieden werden.

Alaskakaninchen gelten als eine gut durchgezüchtete Rasse und erzielen mitunter entsprechend hohe Bewertungen. In der Beliebtheitsskala der Hobbyzüchter steht es entsprechend weit oben. Sie sind in der Regel eher aufgeweckte und lebhafte Kaninchen.

## Marburger Feh (MF)

**Geschichte**
Die ersten Marburger Feh stammen in erster Linie vom Havannakaninchen ab. Erwähnt wurden sie zum ersten Mal im Jahre 1912, um nach weiteren Kreuzungen im Jahr 1916 die Anerkennung als eigene Rasse zu erlangen. Der Name Feh leitet sich aus der gewünschten Farbähnlichkeit mit dem Fell des Sibirischen Eichhörnchens ab.

Die Fellfarbe der Marburger Feh soll der des sibirischen Eichhörnchens nahekommen.

**Rassemerkmale**
- Kopf und Ohren
- Deckfarbe und Gleichmäßigkeit
- Unterfarbe

**Gewicht**
Normalgewicht über 2,75 kg, Höchstgewicht 3,25 kg

**Besonderheiten und Wissenswertes**
Marburger Feh sind in die Abteilung der Kleinen Rassen eingestuft. Sie sind vom Typ her leicht gedrungen und haben kräftige kurze Läufe. Besonders hervorzuheben ist ihre meist erstklassige Fellqualität. Die Deckfarbe besteht aus einem lichten Blau mit einem leichten bräunlichen Schleier. Vom Wesen her lässt sich die Rasse als eher lebhaft bezeichnen.

## Kleinsilber schwarz (KlS)

**Geschichte**
Die ersten Kleinsilberkaninchen entstanden bereits Mitte des 17. Jahrhunderts durch eine Mutation und zählen somit zu den ältesten bekannten Kaninchenrassen. Die ersten eigentlichen Zuchtversuche wurden jedoch erst rund 200 Jahre später in England unternommen. Von dort aus verbreitete sich das Kleinsilberkaninchen in Windeseile in Deutschland und bis heute zählt es zu den am häufigsten gezüchteten Rassen.

Die Kleinsilber schwarz zählen zu den ältesten herausgezüchteten Kaninchenrassen und sind weit verbreitet.

**Rassemerkmale**
- Silberung und deren Gleichmäßigkeit
- Deckfarbe und Gleichmäßigkeit
- Unterfarbe

**Gewicht**
Normalgewicht über 2,5 kg, Höchstgewicht 3,25 kg

**Besonderheiten und Wissenswertes**
Typisch für das Kleinsilberkaninchen ist die Silberung, die das gesamte Erscheinungsbild dieser Kleinen Rasse prägt. Die Tiere beginnen sich jedoch erst ab der dritten Lebenswoche zu silbern.

Das Kleinsilberkaninchen gilt generell als besonders widerstandsfähig, anspruchslos und fruchtbar, bisweilen aber auch als sehr temperamentvoll. Neben dem Kleinsilber schwarz treffen wir die gelben Rassevertreter besonders häufig an. Weiterhin sind sie auch in den Farben Blau, Havanna, Graubraun und Hell anerkannt.

## Englische Schecken (Esch)

**Geschichte**
Die Englischen Schecken gelten als die älteste Punktscheckenrasse. Bereits um 1850 erstmals erwähnt, wurden sie aber 1885 das erste Mal in ihrem Ursprungsland England ausgestellt.

Die Einführung nach Deutschland erfolgte im Jahr 1900. Entgegen der damaligen Zuchtziele auf Fleisch- und Fellproduktion lag hier

Die Englischen Schecken schwarz-weiß zeigen eine typische, Punktscheckung genannte Zeichnung, die sich deutlich von der Plattenscheckung unterscheidet.

das eigentliche Interesse an der Herauszüchtung bestimmter Abzeichen. Dies führte besonders in Deutschland, wo der Nutzwert der Kaninchen zu damaligen Zeit eindeutig im Vordergrund stand, zu Verbreitungsschwierigkeiten. Erst nach Ende des Zweiten Weltkrieges ging es mit dieser hübschen „Sportrasse" aufwärts. Heute erfreut sie sich großer Beliebtheit in Züchterkreisen.

**Rassemerkmale**
- Kopfzeichnung
- Rumpfzeichung
- Farbe

**Gewicht**
Normalgewicht über 2,5 kg, Höchstgewicht 3,25 kg

**Besonderheiten und Wissenswertes**
Mit ihrer interessanten Punktscheckung zählen die Englischen Schecken sicherlich zu den am meisten auffallenden Tieren in der Rassekaninchenzucht. Ihr Typ ist etwas abweichend von den meisten Rassen. Es wird ein leicht gestreckter Körperbau mit feinen Gliedmaßen und mittelhoher Stellung verlangt. Die Kopfzeichnung setzt sich aus Schmetterling (Schnauzeinfassung), Augenringen, Backenpunkten und der Ohrzeichnung zusammen. Die Rumpfzeichung besteht aus dem Aalstrich, der für die englischen Schecken typischen feinen Seitenketten und den Seitenflecken.

Wie die anderen Punktschecken auch sind Englische Schecken spalterbig. Die Verpaarung typgerechter Tiere untereinander führt zu 25 % einfarbigen Tieren, 50 % Typschecken und 25 % sogenannten Hellschecken. Dabei weisen die Hellschecken genetisch bedingt eine deutlich verminderte Lebensfähigkeit auf. Die Zucht gilt insgesamt als relativ schwierig und anspruchsvoll.

Zugelassen sind die Farbenschläge Schwarz-Weiß, Blau-Weiß, Thüringerfarbig-Weiß und Dreifarbig, dabei ist die Grundfarbe immer rein Weiß.

## Holländer (H)

**Geschichte**
Das durch Mutation entstandene Holländerkaninchen gehört zu den ältesten Rassen. Erste Darstellungen von holländerähnlich gezeichneten Tieren auf historischen Gemälden gehen sogar bis auf das 16. Jahrhundert zurück. Der tatsächliche Zuchtbeginn lag jedoch im frühen 19. Jahrhundert. Als Urform gilt das Brabanter Kaninchen, welches seinerzeit von Holland und Belgien aus nach England importiert

Bei den Holländern japanerfarbig-weiß sieht kein Kaninchen aus wie das andere, ohne Zweifel eine der farblich schönsten Rassen.

wurde und dort erst später das holländertypische Zeichnungsbild erhielt. 1891 wurden die ersten Holländerkaninchen in Deutschland ausgestellt. Im Laufe der nächsten hundert Jahre erzüchtete man die Farbenschläge Schwarz-Weiß, Blau-Weiß, Wildgrau-Weiß, Dunkelgrau-Weiß, Thüringerfarbig-Weiß, Gelb-Weiß, Havannafarbig-Weiß, Japanerfarbig-Weiß, Fehfarbig-Weiß und Chinchillafarbig-Weiß hinzu.

**Rassemerkmale**

- Kopfzeichnung
- Rumpfzeichnung
- Farbe

**Gewicht**

Normalgewicht über 2,5 kg, Höchstgewicht 3,25 kg

**Besonderheiten und Wissenswertes**

Aufgrund der großen Farbvielfalt und der interessanten Plattenscheckung bereichert diese „Sportrasse" jede Kaninchenschau. Obwohl Holländerkaninchen bezüglich der Scheckung als reinerbig gelten, sind sie wegen ihrer veränderlichen Scheckungsfaktoren recht schwer zu züchten. Meist erkennt man bereits wenige Tage nach der Geburt schon das Zeichnungsbild.

Das Holländerkaninchen gilt allgemein als recht frohwüchsig und fruchtbar. Vom Wesen her ist es meist ruhig und zutraulich.

Die Lohkaninchen schwarz mit ihrer feurigen Lohe sind der am meisten verbreitete der vier Farbenschläge.

## Lohkaninchen (Loh)

**Geschichte**
Das Lohkaninchen stammt ursprünglich aus England. Um 1880 sollen die Vorgänger unserer heutigen Lohkaninchen eher zufällig aus Schwarzsilber, Holländer- und fahlfarbigen Wildgehegekaninchen entstanden sein. Erst in den Folgejahren entstanden die Ausprägung der Abzeichen und später die Intensität der Lohfarbe. Nach Deutschland kamen die ersten Lohkaninchen im Jahr 1896. Nachdem sie nach dem Zweiten Weltkrieg, wie soviele Sportrassen in Deutschland fast verloren gegangen waren, zählen sie heute aufgrund jahrzehntelanger Aufbauarbeit wieder zu den beliebtesten und meist verbreiteten Rassekaninchen. Neben den Schwarzloh wurden wenig später die Loh Blau und schließlich Loh Havanna erzüchtet. Der vierte, fehfarbige Farbenschlag entstand erst vor rund 15 Jahren.

**Rassemerkmale**
- Kopfzeichnung
- Rumpfzeichnung
- Farbe

**Gewicht**
Normalgewicht über 2,5 kg, Höchstgewicht 3,25 kg

**Besonderheiten und Wissenswertes**
Das Lohkaninchen gehört zu den Kleinen Rassen und sollte einen gedrungenen und walzenförmigen Körperbau vorweisen. Insbesondere

die Schwarzloh zählen wohl unbestritten zu den beliebtesten und farblichen schönsten Kaninchenrassen. Vor allem der Farbkontrast zwischen der intensiv feurigen Lohe und der Deckfarbe fasziniert so manchen Züchter und Tierfreund immer wieder aufs Neue.

Aufgrund der vielen Einzelfaktoren, die mit in die jeweiligen Rassemerkmale mit einfließen, ist die Zucht mitunter recht anspruchsvoll. Lohkaninchen sind meist sehr gutmütig und zutraulich.

## Zwergwidder (ZwW)

### Geschichte

Ihren Ursprung haben die Zwergwidder, damals noch Widderzwerge genannt, in den Niederlanden. Als Ausgangstiere dienten im Jahr 1952 ein Farbenzwerg und ein Deutscher Widder. Es dauert allerdings viele Jahre und etliche Generationen, bis die ersten ansprechenden Tiere ausgestellt werden konnten. Erstmals konnte man die Widder im Miniaturformat auf der holländischen Bundesschau 1964 bewundern. In Deutschland wurden im Jahr 1972 die Zwergwidder erstmals als Neuzüchtung präsentiert. In den darauf folgenden rund zwei Jahrzehnten erfreuten sich die Zwergwidder stetig steigender Beliebtheit und ständig kamen neue Farbenschläge hinzu.

### Rassemerkmale

- Kopfbildung
- Behang
- Farbe und Zeichnung

Die Zwergwidder lohfarbig schwarz ist nur eine von vielen möglichen Farbenschlägen unter den beliebten Zwergwiddern.

**Gewicht**
Normalgewicht über 1,5 kg bis 1,9 kg, Höchstgewicht 2,00 kg

**Besonderheiten und Wissenswertes**
Typisch für den Zwergwidder, ist wie der Name sagt, der ausgeprägte Widderkopf.

Zwergwidder gelten im Allgemeinen als ruhige und zutrauliche Kaninchen, wodurch sie sich nicht nur durch ihre geringe Größe, sondern auch durch ihren Charakter besonders für die Haltung durch Kinder und Jugendliche eignen. Es gibt Zwergwidder in nahezu allen bekannten Farbenschlägen aber in mitunter unterschiedlichster Verbreitung.

## Hermelin (He)

**Geschichte**
Man unterscheidet grundsätzlich zwischen Hermelin Rotauge (RA) und Hermelin Blauauge (BA). Das Hermelinkaninchen wurden 1884 in England erzüchtet und ist somit die älteste Zwergkaninchenrasse. Als Urtyp gelten die Hermelin Rotauge, welche um 1890 erstmals nach Deutschland eingeführt wurden. Erst einige Jahre später wurden in Sachsen Hermelin Blauauge herausgezüchtet. Hermelin-Kaninchen zählen heute zu den beliebtesten Kaninchenrassen weltweit.

Bei den Hermelin unterscheidet man zwischen blauäugigen (Foto) und rotäugigen, welche genetisch gesehen Albinos sind.

**Rassemerkmale**
- Kopf
- Ohren
- Farbe und Gleichmäßigkeit

**Gewicht**
Normalgewicht über 1,1 kg bis 1,35 kg, Höchstgewicht 1,5 kg

**Besonderheiten und Wissenswertes**
Die Hermelinkaninchen unterscheiden sich in Körperform, Typ und Bau deutlich von anderen Kaninchenrassen. Insbesondere der für Zwergkaninchen typische gedrungene und walzenförmige kompakte Körperbau sowie die kurzen Läufe fallen dem Betrachter ins Auge. Ebenso ist ihr verhältnismäßig kräftiger, rundlicher Kopf mit seinen kurzen Ohren und etwas hervortretenden Augen charakteristisch.

Eine Kreuzung der beiden Farbenschläge Rotauge und Blauauge würde in der F1-Generation zu farbigen Nachkommen führen, da beide ihre weiße Fellfarbe einer völlig anderen genetischen Ausstattung verdanken. Das leuzistische Hermelin BA besitzt im Gegensatz zum albinotischen Hermelin RA keine farbstoffbildenden Zellen.

Die Zucht der Hermelinkaninchen ist vergleichsweise schwierig. Einmal führt der Zwergenfaktor zu einer genetischen Aufspaltung des Erbgutes. Das heißt, rein rechnerisch sind 25% der Jungtiere reinerbige Träger dieses Zwergenfaktors, der ein Letalfaktor ist. Dies bedeutet, dass diese Jungtiere nicht lebensfähig sind. Ein weiteres Viertel der Jungtiere besitzt diesen Faktor überhaupt nicht und die Tiere entsprechen somit nicht dem geforderten Zwergentyp. Folglich wären von vorneherein nur rund die Hälfte der geborenen Tiere ausstellungsfähig. Zum anderen kommt erschwerend hinzu, dass Zwergkaninchen meist verhältnismäßig wenige Jungtiere werfen. Charakterlich gelten die Hermelin als recht lebhaft.

## Farbenzwerge (FbZw)

**Geschichte**
Ursprünglich stammen die Farbenzwerge aus Kreuzungen von Wild- und Hermelinkaninchen ab, die von niederländischen Züchtern Ende der 1930iger Jahre durchgeführt wurden. 1939 kamen die ersten Farbenzwerge nach Deutschland, wo sie aber aufgrund der fehlenden Wirtschaftlichkeit damals nicht anerkannt wurden. In den darauf folgenden Jahren des Zweiten Weltkriegs konnten die farbigen Zwerge zudem züchterisch nicht weiterentwickelt werden, sodass sie erst 1956 in den deutschen Standard aufgenommen wurden. Seither sind

Die Farbenzwerge sind die kleinste im ZDRK Standard anerkannte Rasse. Auf dem Foto sehen wir einen Vertreter des blauen Farbenschlags.

nahezu fast alle bekannten Farbenschläge der jeweiligen Ausgangsrassen hinzugekommen.

**Rassemerkmale**

- Kopf und Ohren
- variiert je nach Farbenschlag
- variiert je nach Farbenschlag

**Gewicht**

Normalgewicht über 1,1 kg bis 1,35 kg, Höchstgewicht 1,5 kg

**Besonderheiten und Wissenswertes**

Übereinstimmend mit den Hermelinkaninchen sollen auch die Farbenzwerge dem Zwergentyp entsprechen. Das bedeutet, dass auch hier der genetische Faktor für Zwergwuchs zu einer Erschwernis der Zucht, vergleichbar der bei den Hermelin beschriebenen, führt.

Wegen der geringen Körpergröße und der großen Farbvielfalt erfreuen sich die Farbenzwerge nicht nur unter Rassekaninchenzüchtern großer Popularität. Aufgrund der kurzen, rundlichen Köpfe kommt es in der Farbenzwergezucht genetisch bedingt verhältnismäßig oft zu einer Disharmonie des Kiefers, was Zahnfehlstellungen zur Folge haben kann. Hierauf gilt es in der Zucht besonders zu achten. Farbenzwerge gelten häufig als temperamentvoll.

Satin-Elfenbein zeichnen sich durch ihr samtartiges elfenbeinfarbiges Fell aus.

## Satin-Elfenbein (SaE)

**Geschichte**
Die ersten Satinkaninchen traten 1932 in den USA durch Mutation in einem Wurf Havannakaninchen auf. Da die Pelzindustrie nur wenig Interesse an der neuen Haarstruktur zeigte, wurden wenig später Weiße Neuseeländer eingekreuzt, um den wirtschaftlichen Wert der Rasse zu erhöhen. Diese Kreuzungsversuche führten 1938 zur Entstehung des Satin elfenbeinfarbig. Eine Wirtschaftsrasse ist das Satinkaninchen jedoch nie geworden. 1947 wurden die ersten Satinkaninchen, darunter auch die Elfenbeinfarbigen, nach England exportiert. Vor allem britischen Züchtern ist durch das Einkreuzen von Rexkaninchen die Erzüchtung vieler anderer Fellfarben und die anschließende Verbreitung auf dem europäischen Festland zu verdanken. 1970 kamen die Satinkaninchen nach Deutschland.

**Rassemerkmale**
- Kopf und Ohren
- Satinfaktor
- Farbe

**Gewicht**
Normalgewicht über 3,5 kg, Höchstgewicht 4,0 kg

**Besonderheiten und Wissenswertes**
Satinkaninchen gehören zu den Haarstrukturrassen. Besonders auffallend ist der seidige Glanz des Felles, welcher durch die feinere

Haarstruktur bewirkt wird. Diesem verdankt diese Rasse auch ihren Namen. Die eigentlich einfarbig weißen Felle der Satin-Elfenbein wirken erst durch die seidige Haarstruktur elfenbeinfarbig. Zugelassen sind sowohl die albinotischen Tiere mit roten Augen, als auch der seltenere leuzistische Farbenschlag mit blauen Augen. Satinkaninchen haben überwiegend ein ruhiges und gutmütiges Wesen und sind fast ausschließlich in Rassekaninchenzuchten anzutreffen.

## Castor-Rex (CRex)

**Geschichte**

Als Urtyp aller Rexkaninchen gilt der Castor-Rex, der durch Mutation der Haarstruktur im Jahr 1919 in Frankreich erstmals auftrat. 1924 erstmals der Öffentlichkeit präsentiert, galt der Castor-Rex wegen seines kurzen Felles fortan als Wunderkaninchen für die Fellindustrie, was zugleich seine Geburtsstunde als Wirtschaftsrasse bedeutete. Der dadurch entstandene „Rexrummel" sucht in der Geschichte der Kaninchenzucht vergeblich seinesgleichen: Die Fellindustrie kaufte sämtliche Zuchttiere auf und zahlte horrende Preise.

Doch um möglichst viel Profit zu erwirtschaften, kam es durch das Einkreuzen minderwertiger und kranker Tiere in nicht einmal zehn Jahren beinahe zum völligen Verfall der Rexkaninchenzucht. Erst 1945 nach Ende des Zweiten Weltkrieges wurde mit den verbliebenen Tieren als reine Sportrasse neu begonnen.

Heutzutage unterscheidet man zwischen sage und schreibe 49 verschiedenen Rexrassen und Farbenschlägen.

Die Castor-Rex gelten als Urtyp aller Kurzhaarrassen.

**Rassemerkmale**
- Deckfarbe
- Zwischenfarbe
- Unterfarbe

**Gewicht**
Normalgewicht über 3,5 kg, Höchstgewicht 4,5 kg

**Besonderheiten und Wissenswertes**
Rexkaninchen, wie natürlich auch der Castor-Rex zählen zu den Kurzhaarrassen. Die einmalig rötlich kastanienbraune Deckfarbe und der feine dunkle Schleier, ähnlich einem Biberfell, führten wohl zu seinem Namen Castor-Rex, was übersetzt aus dem Lateinischen soviel wie Biberkönig heißt.

Hauptaugenmerk beim Rexkaninchen ist das Fell, welches nicht nur kürzer, sondern auch viel weicher und samtartiger ist als das der Normalhaarkaninchen. Durch diese Kurzhaarigkeit treten die Körpermerkmale der Rexe, wie der leicht gestreckte Körperbau und der etwas längliche Kopf wesentlich deutlicher in Erscheinung. Das Wesen des Rexkaninchens gilt weitläufig als temperamentvoll und gutartig.

## Angora (A)

**Geschichte**
Angorakaninchen zählen zu den ältesten bekannten Kaninchenrassen und sind vor mehr oder weniger 300 Jahren in England als „Weiße türkische Kaninchen“ vermutlich aus Ankara eingeführt worden. Angorakaninchen sollen von Anfang an Albinos gewesen sein. 1777 kamen die ersten nach Deutschland. Nicht zuletzt führten damalige staatliche Förderungen für Angorawollproduktion zu einer raschen Verbreitung des Angorakaninchens. Besonders in Zeiten der Armut und hier vor allem während des Zweiten Weltkriegs war ihre Wolle sehr gefragt. In den letzten 20 Jahren ist die Nachfrage danach jedoch stark zurückgegangen und somit auch die Zahl der Hobbyzüchter.

**Bewertungsskala**
- Wolldichte und Wolllänge (anstelle der Position Fellhaar)
- Ausgeglichenheit der Wolle
- Wollstruktur
- Rassemerkmale (Kopf- und Ohrenbehang, Behang der Läufe)

**Gewicht**
Normalgewicht über 3,5 kg, Höchstgewicht 4,5 kg

Die Angorakaninchen stammen wahrscheinlich aus Kleinasien und wurden nach ihrer Einführung bereits vor rund 300 Jahren speziell gezüchtet.

**Besonderheiten und Wissenswertes**

Das Angorakanichen gehört neben dem Fuchskaninchen und dem Jamora zu den wenigen in Deutschland anerkannten Langhaarrassen. Zuchtziel ist eine Kombination aus guter Wollleistung und Schönheit. Die Körperform des Angora soll, genau wie bei den meisten Normalhaarrassen walzenförmig sein, was aber durch die Wollbedeckung schwerer festzustellen ist. Die ständig nachwachsende Wolle sollte regelmäßig vierteljährlich geschoren werden.

Die Haltung und Pflege des Angorakaninchens ist generell sehr anspruchsvoll und zeitintensiv, da das Fell stets gebürstet und entwirrt werden muss, damit es nicht verfilzt. Um Verfilzung und Verschmutzungen vorzubeugen, werden die meisten Tiere auf Stanzgitterböden ohne Sägespäne und Stroh gehalten.

Neben dem weißen Farbenschlag mit roten oder blauen Augen gibt es inzwischen auch die wesentlich selteneren farbigen Angorakaninchen.

# Körperbau und Biologie

Die Anatomie ist die Lehre vom Aufbau der Organismen und beschäftigt sich mit der Gestalt, Lage und Struktur von Körperteilen, Organen, Gewebe und Zellen. Für jeden, egal, ob Züchter oder Halter, der sich mit Kaninchen befasst, ist es unabdingbar, die wesentlichen anatomischen Gegebenheiten des Kaninchens und deren Bezeichnungen zu kennen. In den nachfolgenden Kapiteln sollen diese auf verständliche Art und Weise näher erläutert werden.

Anatomische Grundkenntnisse sind unverzichtbar, um den körperlichen Aufbau, räumliche Lagebeziehungen und funktionale Zusammenhänge eines Lebewesens richtig zu erkennen. Sie bilden die Basis für eine fachlich richtige Beurteilung unserer Rassekaninchen. Neben dem Erkennen von krankhaften oder genetisch bedingten Veränderungen werden uns auch die Verhaltensweisen der Tiere näher gebracht.

## Der Körper

Grundlage für die anatomische Betrachtung des Kaninchens ist dessen Körper, welcher rein äußerlich in Kopf, Rumpf und Gliedmaßen unterteilt wird.

Der **Kopf** ist der Körperteil des Kaninchens, der uns oft schon erlaubt, allein durch seine Form auf das Geschlecht des Tieres zu schließen. Der Kopf setzt sich aus Schädel- und Gesichtsteil zusammen. Die Knochen des Schädels dienen zum Schutz des Gehirns. Zum Schädelbereich zählen die Stirngegend, die Augenbogen-, die Scheitelbein- und die Hinterhauptgegend. Seitlich befinden sich Schläfen- und Ohrengegend.

Der **Gesichtsteil** setzt sich aus Augen-, Nasen und Mundbereich zusammen. Der Mundbereich wiederum besteht aus Ober- und Unterlippe und erstreckt sich bis hin zum Kinn. Erstere ist durch die typische Hasenscharte geprägt. Dieser Spalt in der Oberlippe erleichtert das Nagen. Als Kehlgang bezeichnet man den mit Weichteilen ausgefüllten Raum zwischen den beiden Unterkieferästen. In diesem Bereich finden sich bei manchen Rammlern kleine Auswölbungen der Haut, die sogenannten Kinnknoten.

Der Bereich zwischen Kopf und erstem Halswirbel nennt man **Genick**. Die Oberseite des Halses bildet die Nackenpartie, der sich die Schulterblattpartie anschließt. Die Schulterblätter sollten fest sitzen. Die Kopf-, Hals- und Rückenpartien laufen fließend ineinander über, so dass bei manchen Rassen kein direkter Hals mehr zu erkennen ist.

Brustkorb, Bauch und Becken bilden den **Rumpf**. Der Brustkorb sollte gut gewölbte Rippen zeigen, die Rückenlinie sollte ebenmäßig

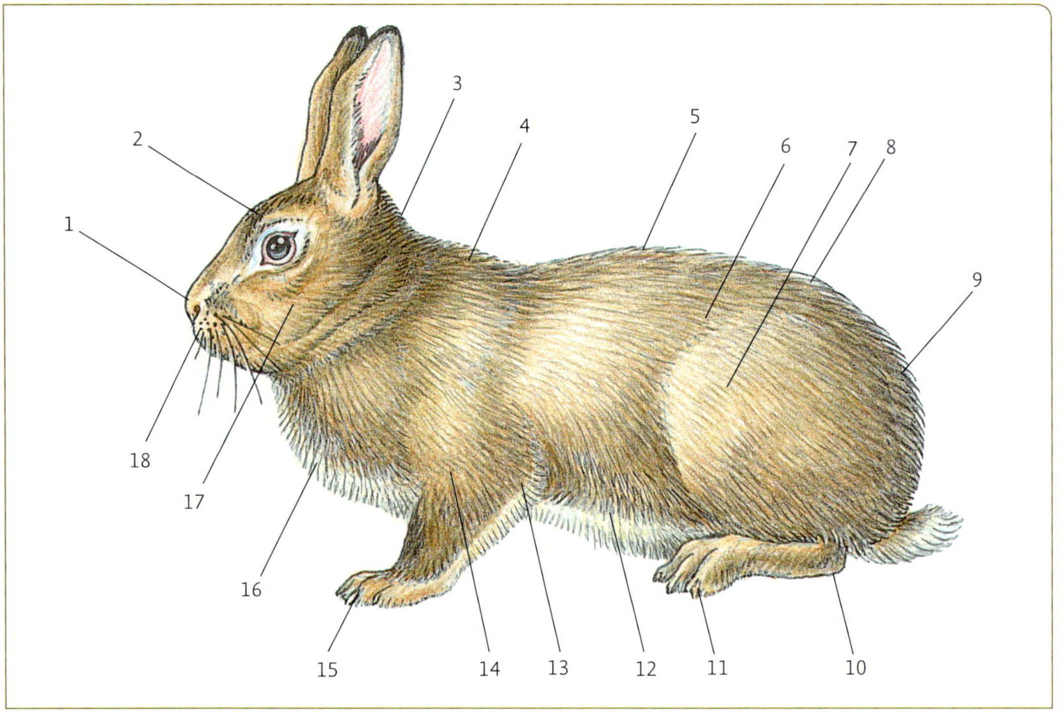


**Körperteile des Kaninchens**
1 Nasenrücken
2 Stirn
3 Nacken
4 Schulterblatt
5 Rücken
6 Flanke
7 Knie
8 Lende
9 Kreuz
10 Ferse
11 Hinterzehen
12 Bauch
13 Ellenbogen
14 Oberarm
15 Vorderzehen
16 Vorderbrust
17 Backe
18 Oberlippe

geschwungen sein. Die Blume sitzt, aufrecht getragen, eng am Körper an. Der Bauch wird in Bauchunterfläche und Flanken unterteilt. Die Flanken erstrecken sich seitlich aufsteigend vor den Hinterläufen. Beim Becken unterscheidet man zwischen Kreuz- und Gesäßgegend, deren Übergang man Kruppe nennt, sowie dem After- und Geschlechtsbereich.

Bei den **Gliedmaßen** unterscheiden wir zwischen Vorder- und Hinterläufen, welche in Bein und Fuß untereilt werden. Der Fuß selbst besteht aus Zehen, Mittelfuß und Ferse.

### Skelett, Muskeln, Gebiss

Das Skelett des Kaninchens setzt sich aus 212 Knochen zusammen. Die Aufgabe des Knochengerüstes ist es, dem Körper Halt zu geben sowie zusammen mit der gesamten Muskulatur die Organe zusammenzuhalten und zu schützen. Die Muskeln, welche am Skelett sitzen, ermöglichen die Bewegung des Tieres.

**Wichtig**

Eine fehlerhafte Ernährung in der Entwicklungsphase der Kaninchen kann zu irreparablen Skelettfehlbildungen führen.

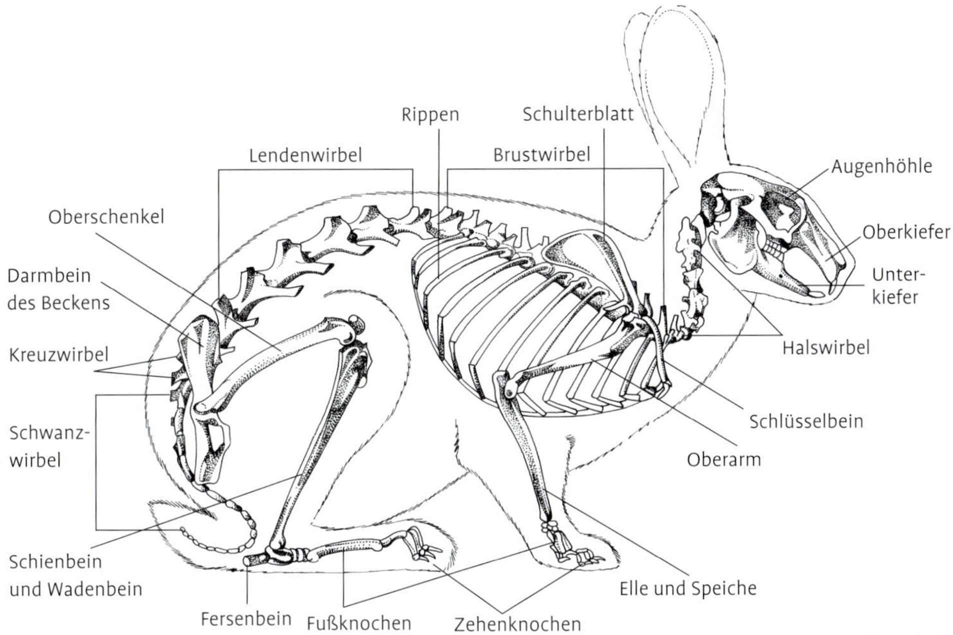


**Kaninchenskelett**

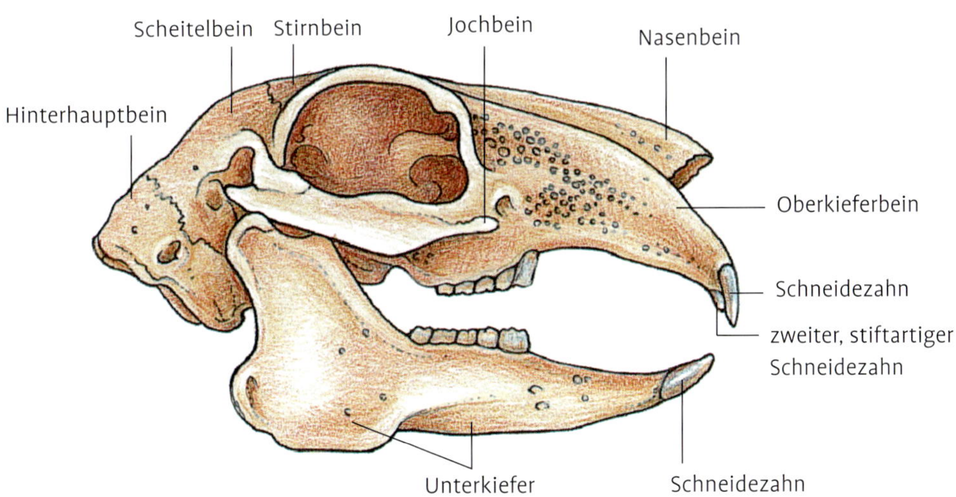


**Schädel des Kaninchens**

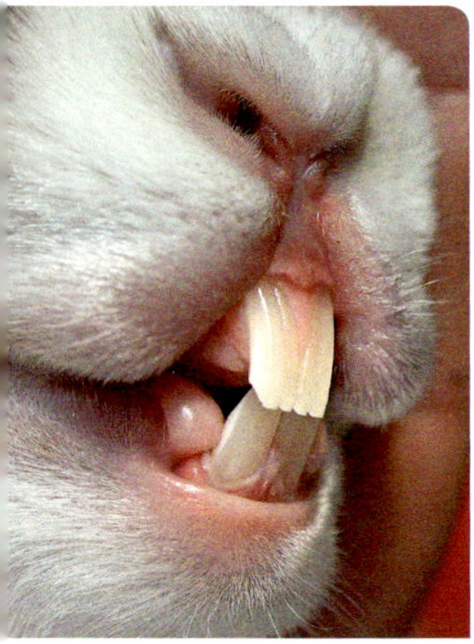

So sieht ein eugnathes Scherengebiss beim Kanichen aus.

Die wohl häufigste erblich bedingte Missbildung beim Kaninchen ist die disharmonische Stellung zwischen Ober- und Unterkiefer. In diesem Fall ist der Unterkiefer im Verhältnis zum Oberkiefer zu kurz oder zu lang, sodass ein falscher Aufbiss entsteht. Daraus resultierend können sich die Zähne nicht mehr korrekt abreiben und es entstehen Zahnfehlstellungen mit teils erheblichen Folgen.

Kaninchen müssen ein **eugnathes Scherengebiss** vorweisen, das heißt die oberen Schneidezähne stehen vor den unteren Schneidezähnen. Unter Eugnathie versteht man nicht nur harmonisch geformte Zahnreihen, sondern auch die Fehlerlosigkeit und Ausgeglichenheit in Form und Funktion aller das Kausystem bildenden anatomischen Bestandteile wie die Kiefergelenke nebst Muskulatur.

Das Kaninchen hat pro Mundhälfte 14 Zähne, also insgesamt 28. Sowohl vorne im Unterkiefer als auch im Oberkiefer befinden sich jeweils zwei große Nagezähne. Hinter den beiden Schneidezähnen des Oberkiefers finden wir noch zwei weitere sehr kleine Zähne vor, die **Stiftzähne**, auf welche die unteren beiden Schneidezähne aufbeißen sollten.

## Das Fell

Als Fell bezeichnet man die dicht behaarte Haut des Kaninchens. Die Haut bedeckt den Körper und bildet somit eine Art Ummantelung des Organismus als Schutzfunktion gegen äußere Einwirkungen und Körpertemperaturverlust.

Die **Haut** setzt sich aus verschiedenen Schichten zusammen, der Oberhaut (Epidermis), der Lederhaut (Chorium) und der lockeren Unterhaut (Subcutis). Aufgrund der Elastizität der Unterhaut ist das Kaninchenfell an manchen Körperstellen auch so besonders nachgiebig. So ist die Einlagerung von zuviel Fett in dieser Hautschicht beispielsweise die Ursache für **Wammenbildung**. Die Oberhaut enthält die Farbeinlagerungen.

Die das Fell bildenden Haare (Behaarung) werden ebenfalls in unterschiedliche Arten eingeteilt: Die **Unterwolle** (Unterhaar), auch Wollhaar genannt, das **Deckhaar**, das **Grannenhaar** (Stichelhaar) und das **Tasthaar**. Man unterscheidet in der Rassekaninchenzucht außerdem zwischen unterschiedlichen **Haarstrukturen**: Normalhaar, Langhaar, Kurzhaar (Rex), Seidenhaar (Satin).

Rechte Seite: Die gekerbte Oberlippe, als Hasenscharte bezeichnet, ist ein charakteristisches, anatomisches Merkmal der Kaninchen.

Das **Normalhaarfell** besteht überwiegend aus dichten sehr feinen, gekräuselten „wolligen“ Unterhaaren. Die Dichte der Unterwolle ist dabei abhängig von der Haarmenge je Quadratzentimeter. Weiterhin sind die Anzahl der Deckhaare je Quadratzentimeter sowie deren Stärke und Elastizität ausschlaggebend für Dichte und Struktur des Felles. Das Deckhaar überragt die Unterwolle etwas, das Grannenhaar wiederum das Deckhaar. Dabei hat auch das Deckhaar entscheidenden Einfluss auf die Fellstruktur. Die **Standardanforderungen** im Bezug auf Vertei-

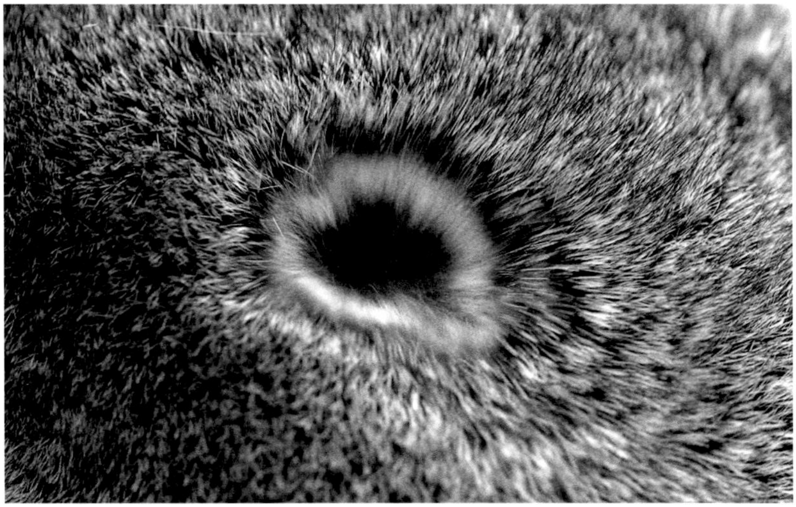

Bläst man in das Fell des Kaninchens, kann man gut die unterschiedlichen Haararten unterscheiden.

lung, Länge, Überstand und der Stärke des Grannenhaares sind innerhalb der einzelnen Normalhaarrassen durchaus unterschiedlich.

Das **Satin- oder Seidenhaar** ist geschmeidig, weich und dabei sehr dicht. Das etwa 3,5 cm lange Deckhaar und das Grannenhaar unterscheiden sich jedoch durch ihre feinere Struktur, die durch die Verdünnung des Haarschaftes hervorgerufen wird, erheblich vom Normalhaarfell. Diese bewirkt die seidenartige Beschaffenheit des Haarkleides.

Bei den **Kurzhaarrassen** steht das Fellhaar auf dem Haarboden senkrecht und muss auf der Mitte des Rückens etwa 17 bis 20 mm lang sein. Das Unterhaar und das überragende Deckhaar sind sehr dicht. Das Unterhaar bildet einen sogenannten Wollhaarflaum. Die sehr feinen Grannenhaare dürfen maximal 1 mm über das Deckhaar hinausragen. Aufgrund der feineren Begrannung fühlt sich das Kurzhaarfell deutlich weicher und samtartiger an als das Normahaarfell.

Beim **Langhaar** muss das aus fein gekräuseltem, weichem Wollhaar bestehende Unterwollhaar dominieren. Neben dem Unterwollhaar finden wir hier noch den Deckhaarflaum vor, welcher länger und gröber gewellt ist als das Unterwollhaar. Dieser wird wiederum vom etwas stärkeren, gerade durchgehenden Grannenhaar überragt.

An den Wurzeln der Tasthaare sitzen Nerven, sodass diese Haare der Sinneswahrnehmung dienen. Sie befinden sich vorwiegend an Augen, Lippen und Kinn. Die anderen genannten Haararten spielen für die Körperfunktionen eine entscheidende Rolle.

- Die Unterwolle besteht aus den kürzesten und dünnsten der genannten Haararten, dafür aber auch der am zahlreichsten im Fell vorhandenen. Ihre Aufgabe ist die Regulierung der Körperwärme.

- Das Deckhaar, welches das Unterhaar in der Länge überragt, dient zum Schutz der Unterwolle vor äußeren Einflüssen wie Nässe und Schmutz. Außerdem bildet es maßgeblich die Deckfarbe mit.
- Das Grannenhaar ist das längste der Haararten und ist deutlich am geringsten vertreten. Auch das Grannenhaar dient der Unterwolle zum Schutz. Grannenhaare wachsen schneller als Unterhaare und sind bei Normalhaarkaninchen circa 10 bis 15 mm länger als diese.

Das eigentliche Haar ist ein, ein- oder mehrzelliger, feiner langer Hornfaden, welcher aus Wurzel, Schaft und Spitze besteht. Die unten verdickte Haarwurzel bildet zusammen mit den angrenzenden Schichten die Haarzwiebel. Die Haarwurzel sitzt in einer schräg verlaufenden, schmalen Tasche der Oberhaut, dem Haarfollikel oder Haarbalg, welcher in die Lederhaut hineinragt. Die dadurch in der Lederhaut entstandene Hervorwölbung nennt man Haarpapille, auf der sich die Keimschicht befindet, die das Haar bildet und wachsen lässt.

Das Haar erreicht, anders als beim Menschen, nur eine bestimmte genetisch vorgegebene Länge, dann löst es sich von der Haarpapille. Gleichzeitig verdickt sich die Haarwurzel kolbenartig und bleibt dadurch als sogenanntes Kolbenhaar in der Haut verankert. Erst bei der nächsten **Haarung** ändert sich dieser Zustand, denn mit Beginn des Haarwechsels bildet die Haarpapille ein neues Haar, welches bis zur Hautoberfläche wächst und dadurch das Althaar abstößt.

Den besten Fellzustand und demnach auch den schönsten Fellglanz finden wir dann vor, wenn das bereits ausgewachsene Haar noch die Papillenverbindung hat. Wir sprechen hier von der **Fellblüte**. Der Haarwechsel jedoch beeinflusst die Fellqualität entscheidend. Der Fellglanz geht verloren, die Haarlängen sind unterschiedlich und lose Haarbüschel stören das Bild.

Der Fell- oder **Haarwechsel** wird von den Jahreszeiten gesteuert. Im Frühjahr wird das Winterfell durch das **Sommerfell** ersetzt und im Herbst bildet sich wieder das **Winterfell**. Dabei sind die Winterfelle von ihrer Struktur her oft etwas dichter als die Sommerfelle. Die Haarung kann sich je nach Haarstruktur über einen Zeitraum von acht bis zehn Wochen erstrecken.

## Die Sinnesorgane

Sinnesorgane dienen zur Wahrnehmung von Umweltreizen. Dabei werden die eingehenden Informationen von den jeweiligen Sinnesorganen aufgenommen, in elektrische Impulse umgewandelt (Signaltransduktion) und durch Nervenfasern an das Gehirn weitergeleitet. Im Zentralen Nervensystem erfolgt die Umwandlung der eintreffenden Signale durch sogenannte Rezeptorenzellen zu den im Gehirn verarbeitbaren elektrischen und biochemischen Impulsen. Diese bilden ist dann die eigentliche Wahrnehmung.

Alle geregelten Systeme in der Natur und der Technik benötigen solche sensorischen Elemente. In der Technik heißen sie auch Sensoren, bei Lebewesen spricht man von Rezeptoren. Bei tierischen Organismen unterscheidet man zwischen Rezeptoren, die Reize von außerhalb des Körpers wahrnehmen, die Exterorezeptoren, und solche innerhalb des Körpers, die Enterorezeptoren.

Mit Exterorezeptoren sind beispielsweise die Augen, Ohren, Nase und die Tastsinnessorgane wie unter anderem die Spürhaare ausgestattet. Enterorezeptoren hingegen findet man in Gelenken, Muskeln, Blutgefäßen und im Gehirn.

In der Tierwelt wird klassisch zwischen folgenden fünf Sinnesarten unterschieden: Sehen, Hören, Riechen, Schmecken und Fühlen. Dabei sind diese von Tierart zu Tierart und je nach Lebensumfeld, Art des Nahrungserwerbs, dem Fortpflanzungsverhalten und der Sozialstruktur verschieden ausgeprägt.

### Das Auge (Sehsinn)

Das Sehorgan der Säugetiere und somit auch das der Kaninchen kann in folgende drei Untereinheiten unterteilt werden: dem Augapfel, den Anhangsorganen Tränenapparat, Augenmuskel, Bindehaut, Augenlider und der Sehbahn.

Durch die seitlich am Kopf sitzenden Augen, hat das Kaninchen ein verhältnismäßig weites **Sichtfeld**, was für ein Tier, das jederzeit zur Flucht bereit sein muss und natürliche Feinde hat, die von oben kommen, äußerst sinnvoll ist.

Dadurch, dass jedes Auge praktisch für sich sieht, ist das **räumliche Sehvermögen** aber nicht besonders ausgeprägt. Auch das **Farbempfinden** ist nicht sonderlich gut entwickelt. Kaninchen können wissenschaftlichen Erkenntnissen zufolge nur zwischen den Farben Rot und Grün unterscheiden.

Die verhältnismäßig großen Pupillen des Kaninchens ermöglichen es ihnen, auch in der Dämmerung noch Licht zu erfassen und somit auch bei Dunkelheit, in der Natur im Bau, noch relativ gut sehen zu können. Zu helles Licht meiden sie allerdings, da die **Pupillen** sich nicht verkleinern können. Nicht ohne Grund fühlen sich Kaninchen in der Dämmerung am wohlsten.

### Das Ohr (Hörsinn)

Der Gehörapparat setzt sich aus dem äußeren, mittleren und inneren Ohr sowie den Leitungsnerven und dem Gehörzentrum im Gehirn zusammen. Die Ohrmuscheln, die unabhängig voneinander gedreht werden können, fangen die Schallwellen auf. Dies geschieht in einem **Hörfeld** von 360 Grad. Beim Widderkaninchen wird der Hörvorgang durch die herab hängenden Ohren jedoch erschwert. Das Gehör des Kaninchens ist überdurchschnittlich gut entwickelt und kann selbst die leisesten Geräusche wahrnehmen. Dabei kann es sogar zwischen unterschiedlichen Stimmen unterscheiden.

**Hinweis**
Aufgrund des sehr sensiblen Gehörsinns sollte man laute Geräusche und Lärm in unmittelbarer Tierumgebung möglichst vermeiden.

Die beweglichen Ohren der Kaninchen dienen quasi als eine Art Antenne, um drohende Gefahren rechtzeitig erfassen zu können. Dieses Phänomen können wir gut beobachten, wenn wir unsere Stallanlage betreten und sehen, wie die Tiere aufmerksam ihre Köpfe strecken um die Geräusche besser erkennen und zuordnen zu können. Somit dient der Hörsinn auch der Wiedererkennung.

Typisch ist dieser Ausdruck bei der Witterungsaufnahme.

### Die Nase (Geruchssinn)

Die Nase des Kaninchens ist mit rund 100 Millionen Riechzellen versehen und besteht aus dem eigentlichen Riechorgan, den Nasenhöhlen sowie den weiterleitenden Riechnerven und dem Geruchszentrum im Gehirn. Die mit einer beweglichen Hautfalte (Nasenflügel) bedeckte Nase ist ständig in Bewegung und nimmt dabei laufend neue Gerüche auf. Diesen Vorgang bezeichnet man umgangssprachlich auch als **Schnuppern**.

Kaninchen haben einen ausgesprochen guten Geruchssinn, der bei weitem besser ausgeprägt ist als der des Menschen. Das Kaninchen lässt sich generell häufig durch seinen Geruchssinn steuern. Hauptsächlich dient die Geruchsempfindung der **Futteraufnahme** und zum Erkennen von Artgenossen. Das heißt, einzelne Futtersorten oder verdorbenes Futter kann genau erkannt werden und der Paarungstrieb wird durch die Geruchsaufnahme unmittelbar gesteuert. Neben ihren eigenen Jungtieren können Kaninchen auch ihren Züchter genau am jeweiligen Eigengeruch identifizieren. Neben dem Hörsinn dient also auch der Geruchssinn der Wiedererkennung.

### Die Geschmacksknospen

Die sich auf dem Zungengrund befindlichen Geschmacksknospen (Geschmackspapillen) empfangen den Geschmacksreiz und übertragen diesen auf die Nervenbahnen, von dort aus wird der Reiz dann an das Gehirn zur Verarbeitung weitergeleitet.

Dabei sind Geschmacks- und Geruchssinn eng miteinander verkoppelt. Der Geschmacksinn wird bei der **Futteraufnahme** durch den Geruchsinn beeinflusst, da die Düfte des Futters parallel auch durch diesen aufgenommen werden. Gemeinsam haben sie die Aufgabe, die Nahrung zu prüfen und anschließend auch nur das Futter zu wählen, welches ihnen auch wirklich bekommt. Kaninchen sind im Vergleich

Ein schmackhafter Leckerbissen.

zum Menschen nicht empfindlich gegen **Bitterstoffe**, und deshalb schmecken ihnen viele Kräuter und hier besonders der Löwenzahn besonders gut.

**Andere Reizaufnahmeorgane**

Auch der Spür- oder Tastsinn ist beim Kaninchen gut ausgeprägt. Hierfür gibt es verschiedene Reizaufnahmeorgane. Die bekanntesten sind sicherlich die Spür- oder **Tasthaare** (Vibrissen), die vor allem auf und neben der gespalteten Oberlippe (Hasenscharte) sitzen. Mit Hilfe dieser Tast- beziehungsweise **Sinneshaare** können sich Kaninchen selbst im Dunklen gut orientieren. Dadurch, dass die **Spürhaare** mit sehr empfindlichen Nervenfasern verbunden sind, können auch geringste Veränderungen wahrgenommen werden.

Ganz besonders empfindsam sind die **Augenwimpern**. Die unzähligen, auf der Haut des Tieres verteilten Tastkörperchen, welche in der Nähe der Haarpapillen liegen, vermitteln dem Kaninchen ebenfalls ein feines Empfinden.

Dieses Hasenkaninchen markiert das Revier mit speziellen Duftstoffen.

**Wichtig**
Man sollte es unbedingt unterlassen, seinen Kaninchen Spürhaare auszuzupfen – auch beim Schaufertigmachen. Dies ist nicht nur sehr schmerzhaft für das Tier, sondern beeinträchtigt auch ihren Tastsinn.

## Geschlechtsorgane

Die Geschlechtsorgane (lat. Organa genitalia), auch Genitalien, genannt, dienen der Fortpflanzung. Man unterscheidet prinzipiell zwischen weiblichen und männlichen Geschlechtorganen, die wiederum in innere und äußere unterteilt sind.

### Die weiblichen Geschlechtsorgane

Zu den inneren weiblichen Geschlechtsorganen zählen die beiden **Eierstöcke** (Ovarien), in denen die zur Fortpflanzung notwendigen Eizellen mit Hilfe der sogenannten Follikel, kleinen Eibläschen, die sich an der Oberfläche der Eierstöcke befinden, gebildet werden.

Den beiden Eierstöcken schließen sich jeweils die trompetenförmigen Eileiter an. Der Anfang der Eileiter fängt die vom Eierstock abgesprengten Eizellen auf. Diese Absprengung wird im Übrigen durch den Deckakt ausgelöst (provozierten Ovulation). Anschließend finden dann im Inneren der Eileiter die Befruchtung und die ersten Teilungen des Eies statt.

Später gelangen die befruchteten Eier in die doppelt angelegte **Gebärmutter** (Uterus duplex), wo sie sich in den Uterushörnern weiterentwickeln. Durch diese räumliche Trennung wird auch die

**Doppelbefruchtung** (Superfetation) ermöglicht, bei der sich Embryonen aus zeitlich versetzten Begattungen unabhängig voneinander entwickeln können. Diese Doppelträchtigkeit kommt aber eher selten vor.

Auch die Scheide (Vagina) der Häsin, die sich bei der Geburt weit ausdehnt, zählt zu den inneren Geschlechtsorganen, zu den äußeren hingegen gehören die Vulva (Schamlippen) und die Klitoris.

### Die männlichen Geschlechtsorgane

Zu den männlichen Geschlechtsorganen gehören der Penis (einschließlich der Harnröhre), der Hodensack (Skrotum), die paarigen **Hoden**, die Nebenhoden, Samenleiter und Anhangdrüsen. Die beiden erstgenannten Begriffe bilden den äußeren Teil der männlichen Genitalien. Der zylindrisch verlaufende Penis dient sowohl der Samen- als auch der Urinabgabe und ist normalerweise nur bei Erregung sichtbar.

Die beiden Hodensäcke sind taschenähnliche Gebilde, welche jeweils einen Hoden enthalten. Sie liegen ein wenig versteckt außerhalb der Bauchhöhle unter dem Fell und sind nicht oder wenig behaart. Die paarigen Hoden haben die Aufgabe, Spermien (Samenzellen) zu produzieren. Sie sind im Vergleich zu den Hoden anderer Säugetiere eher spindelförmig, also relativ langgestreckt.

**Hinweis**

Die Hoden zählen zu den inneren Geschlechtsorganen, da sie sich zunächst innerhalb des Bauchraums entwickeln und bei den meisten Säugetieren, so auch bei Kaninchen, erst später in den Hodensack wandern. Dies nennt man den Hodenabstieg. Bei den jungen männlichen Tieren sollte er zu einem bestimmten Zeitpunkt stattgefunden haben.

An der zum Körper hin verlaufenden Seite des Hodens sitzt der Nebenhoden. Auf dem Weg vom Nebenhodengang gelangen die Samenzellen durch die Samenleiter und Harnröhre, wo sie mit dem Sekret (Seminalplasma) der **akzessorischen Geschlechtsdrüsen** vermischt werden und das sogenannte Ejakulat (Sperma) bilden. Das Seminalplasma dient der Ernährung der Spermien und als Transportmedium, außerdem hat es eine schützende Funktion.

Als akzessorische Geschlechtsdrüsen (von lat. accedere = hinzutreten) bezeichnet man Drüsen, die entlang des Genitaltrakts ausgebildet sind. Man unterscheidet hier bei männlichen Kaninchen grundsätzlich zwischen Samenblasendrüse, der Vorsteherdrüse (Prostata), Harnröhrenzwiebeldrüse (Bulbourethraldrüse/Cowpersche Drüse) und Samenleiterampulle.

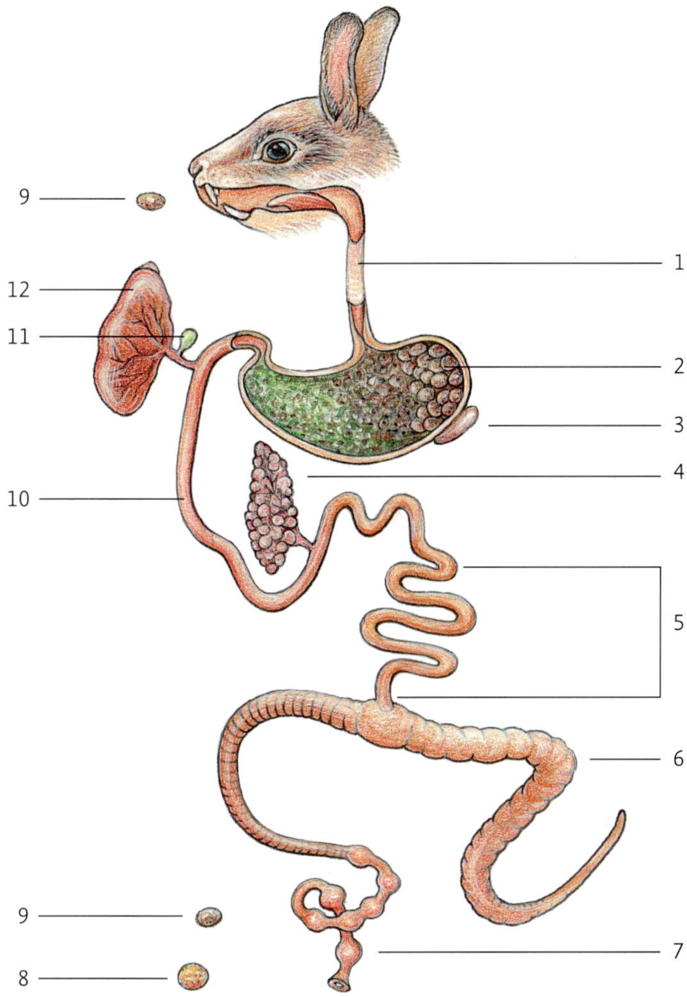


**Verdauungstrakt des Kaninchens**
1 Speiseröhre
2 Magen
3 Milz
4 Bauchspeicheldrüse
5 Dickdarm
6 Blinddarm
7 Enddarm
8 normaler Kot
9 Blinddarmkot
10 Dünndarm
11 Leber
12 Gallenblase

## Verdauungsapparat und Stoffwechsel

Da das Verdauungssystem des Kaninchens sehr komplex und somit auch extrem anfällig ist, sollte man seine Funktionsweise in etwa kennen, um etwaigen Störungen von vorneherein vorzubeugen. Die Ernährung der Kaninchen sollte so zusammengesetzt sein, dass dem Organismus durch die Futtergabe in bestmöglicher Weise alle notwendigen Grundstoffe zur Verfügung gestellt werden.

Diese Nährstoffe dienen dem Aufbau des Körpers, der Ernährung der Körperzellen und der Energiegewinnung. Den Vorgang, der zur Aufnahme und Auswertung der Nährmittel führt, nennt man **Stoff-**

**wechsel**. Dabei ist es Aufgabe der Verdauung, die im Futter enthaltenen Nährstoffe mit Hilfe der einzelnen Verdauungsorgane aufzubereiten und dem Körper über die Darmwand zuzuführen.

Der **Verdauungskanal** der Kaninchen ist circa fünf bis sechs Meter lang und unterscheidet sich grundlegend von dem der meisten Nutztierarten wie Schaf, Rind, Schwein oder Ziege. Am ähnlichsten ist er dem Verdauungstrakt der Pferde, die genauso wie Kaninchen ständig auf Raufutter angewiesen sind und deshalb bei zeitweise fehlendem Futter in diesem Bereich überdurchschnittlich anfällig reagieren können.

### Der Weg des Futters

Bei der Futteraufnahme wird die Nahrung zunächst im **Maul** zerkleinert, mit Speichel angereichert und dann geschluckt. Dadurch wird der Futterbrei zum Schlund und von dort aus in die Speiseröhre transportiert. Anschließend gelangt der Nahrungsbrei zur Zwischenlagerung in den **Magen**. Kaninchen zählen zu den einmägigen Tieren.

Im Magen wird der Speisebrei zur Vermeidung von Gärung mit Salzsäure versetzt. Da bei Kaninchen die Magenwand kaum bemuskelt ist, ist ihnen kein Erbrechen möglich, aber vor allem kann der Transport des Nahrungsbreis nicht durch die Magenmuskulatur erfolgen. Nur durch **kontinuierliche Nahrungsaufnahme** und somit durch den nachkommenden Nahrungsbrei kann der Mageninhalt richtig in das Darmsystem weiter geschoben werden.

**Wichtig**

Das Kaninchen ist ein „Dauerfresser", dies bedeutet, dass es Tag und Nacht immer wieder regelmäßig kleinere Futtermengen, die Fachliteratur spricht von 60 bis 80 Mahlzeiten, aufnehmen muss, damit die Vorgänge im Verdauungsapparat nicht ins Stocken geraten.

Im **Darm** sorgen Verdauungssekrete aus Bauchspeicheldrüse, Darmschleimhaut und Leber dafür, dass die Nahrung in ihre Bestandteile zerlegt wird. Der Gallensaft der Leber sorgt für die Verteilung der Fette, die übrigen Enzyme spalten Stärke zu Zucker und Eiweiß zu Aminosäuren.

Nur diese zerlegten Grundbausteine gelangen dann schließlich über die Darmwand in den Blutkreislauf, um im Körper verwertet zu werden. Dies geschieht mit Hilfe sogenannter Anhangdrüsen, die es der Darmschleimhaut ermöglichen, die Nährstoffe aufzusaugen, zu resorbieren, und über die Lymphe in die Blutbahn und somit in alle Zellen des Körpers zu leiten.

Die verbleibenden Bestandteile der Nahrung, welche keine Verwendung gefunden haben, gelangen nunmehr teils direkt in den

Dickdarm und teils zuerst in den **Blinddarm** und erst später in den Dickdarm. Dem Teil des Nahrungsbreies, der den direkten Weg durch den Dickdarm genommen hat, wird in dessen Endabschnitt, dem Grimm- und Mastdarm, überschüssiges Wasser entzogen und dieses dem Körper zugeführt. Durch diesen Flüssigkeitsentzug wird der Kot zunächst eingedickt, zu den uns bekannten Kotkügelchen (Köttel) geformt und anschließend durch den After abgegeben.

Beim Verdauungsvorgang werden 70 bis 80 % der Futterreste bereits innerhalb von 48 Stunden nach Futteraufnahme wieder ausgeschieden, die **Ausscheidung** des Restes kann aber bis zu sechs Tage dauern.

**Hinweis**
Bei Durchfall funktioniert der Wasserentzug im Mastdarm nicht, sodass beim Tier zu wenig Wasser dem Körper rückgeführt wird und es zu einer Austrocknung kommen kann.

### Sonderausstattung Blinddarm

In den Blinddarm gelangt dabei nur der flüssige mit feinen Partikeln durchsetzte Teil des Darminhaltes. Die größeren Bestandteile wandern direkt in den Dickdarm. Der vergleichsweise große Blinddarm, der Teil des Dickdarms ist, stellt eine Art Gärkammer dar, die es durch mikrobakterielle Prozesse ermöglicht, Rohfaserstoffe in Stärke umzuwandeln und weiter in Zucker zu spalten. Die Bakterien des Blinddarms sind also darauf spezialisiert, rohfasereiche Futtermittel wie Heu und Gras zu verwerten, und so kann eine zu rohfaserarme Ernährung oder eine Futterumstellung leicht zu Verdauungsstörungen führen. Der in den Blinddarm gelangte Teil des Nahrungsbreies wird nach Ablauf des mikrobiellen Vorganges, bei dem auch Vitamine entstehen, zurück in den Dickdarm geleitet und als Weichkot, dem sogenannten Blinddarmkot, ausgeschieden.

**Hinweis**
Der Blinddarmkot ist reich an B- und K-Vitaminen sowie an essenziellen Aminosäuren. Um diese zu nutzen, wird er vom Kaninchen wieder als Nahrung aufgenommen. Kotfressen nennt man auch Koprophagie.

# Sozialverhalten

Auch wenn unsere heutigen domestizierten **Haus- und Rassekaninchen** noch viele Wesensmerkmale und Instinkte ihrer Urahnen, der Wildkaninchen mehr oder weniger abgeschwächt beibehalten haben, so sind ihr Wesen, ihr Verhalten und somit auch ihre Bedürfnisse nicht mit denen der **Wildkaninchen** gleichzusetzen! Wir halten die domestizierte Form der Kaninchen, die sich über Jahrhunderte den ihnen gebotenen äußeren Einflüssen angepasst hat. Von Tierquälerei aufgrund mangelnder sozialer Kontakte der Tiere untereinander kann in unseren Rassekaninchenzuchten kaum die Rede sein. Gerade weil sie sozialen Stress vermeidet, trägt die Einzelhaltung, wohl aber mit gewissem Sicht- und Geruchskontakt im Stall, auch zum Wohl der Tiere bei.

Als ich mich vor einiger Zeit wieder einmal eine „Hobbyhalterin“ in meiner Zuchtanlage besuchte und wir gemeinsam die Kaninchen in meiner Stallanlage anschauten, musste ich ihn abermals hören, diesen vorwurfsvollen und verständnislosen Satz: „Wie kann man denn die armen Tiere nur alleine halten, das ist doch Tierquälerei.“ Auch im Internet wird unsere „Einzelhaltung“ auf vielen „Tierschutzseiten“ angeblich mangels sozialer Kontaktmöglichkeiten unter den Tieren immer wieder verurteilt.

Schon unzählige Male musste ich mich gegenüber diesen oder ähnlichen Vorwürfen gerade in den letzten Jahren rechtfertigen. In den in den meisten Fällen werden solche Aussagen aber aus der reinen vermenschlichten Sicht und der Unwissenheit über die Biologie

Wildkaninchen leben in der Natur in Kolonien.

Das Markieren mit der Kinndrüse gehört zum Verhaltensrepertoire der Kaninchen.

der Tiere gemacht. Im Folgenden werden daher die wichtigsten sozialen Verhaltensweisen unserer Kaninchen zusammenzutragen, um durch diese biologischen Fakten das eine oder andere Vorurteil zu widerlegen.

## Wildkaninchen

Als Sozialverhalten wird in der Biologie die Art und Weise des Zusammenlebens zwischen Artgenossen bezeichnet. Die Urform unserer heutigen Hauskaninchen ist das europäische Wildkaninchen (*Oryctolagus cuniculus*), welches in **Kolonien** zusammenlebt. Im Rahmen dieser mehr oder weniger großen Gruppen baut sich jedes Wildkaninchen seine eigene **Höhle** (Kessel) und es besitzt ein **eigenes Revier**.

Innerhalb der Gruppen besteht eine nach Geschlechtern getrennte **Rangordnung**, wobei der dominante Rammler allen anderen Tieren der Gruppe vorsteht und somit das Revier beherrscht. Dieses wird mit dem individuellen Duftstoff markiert. Dazu verspritzen Kaninchen ihren Urin, außerdem grenzen sie ihr Territorium durch ihren Kot, die Köttel ab. Auch das Anreiben von Gegenständen mit ihrer am Kinn sitzenden Duftdrüse dient zur **Markierung der Territoriumsgrenzen**. Die dabei freigesetzten Duftstoffe nennt man Pheromone, sie kommen zur Klärung der Besitzverhältnisse zum Einsatz und sie regulieren das Sexualverhalten.

**Hinweis**

Die Klärung der Rangordnung und der Besitzverhältnisse bei Wildkaninchen wird durch ständige Rangordnungskämpfe immer wieder neu festgelegt, vornehmlich während der Fortpflanzungszeiten. Hierbei sind dann auch die weiblichen Tiere involviert, welche untereinander um die besten Nistmöglichkeiten streiten.

## Rangordnung und Gruppe beim Hauskaninchen

Demnach bevorzugt schon die Urform unseres heutigen Rassekaninchens in der freien Wildbahn ein von seinen Artgenossen separiertes **Territorium**. Die **Kolonie** aus mehreren bis vielen Einzeltieren besteht als lockerer Verband und er stellt so etwas wie eine Lebensversicherung für die einzelnen Artgenossen dar. Wird **Gefahr** gewittert, **warnen** die Kolonietiere ihre Mitbewohner durch Aufschlagen mit den Hinterläufen. Diese Verhaltensweise können wir bis heute hin und wieder in unseren Ställen beobachten. Dabei verliert das Alarmsignal, das man auch als **Klopfen** oder **Trommeln** bezeichnet, selbstverständlich seine ursprüngliche Funktion als Warnung vor natürlichen Feinden. Es zeigt aber trotzdem noch an, dass sich das Tier in einem leicht alarmierten Zustand befindet.

Kaninchen sind also entgegen der weitläufig verbreiteten Meinung, trotz des Zusammenlebens in Gruppenverbänden, durchaus selbstständige Einzelgänger. Dies können wir auch gut in unseren Rassekaninchenzuchten beobachten. Schon bei den heranwachsenden Jungtieren zeigt sich oft recht früh, dass sie ein eigenes abgegrenztes Revier für sich beanspruchen: wir Züchter wissen alle, dass es innerhalb der Würfe auch zwischen Geschwistern häufig schon bald, aber spätestens mit Beginn der Geschlechtsreife zu Reibereien und Beißereien untereinander kommen kann.

**Tipp**

Wenn man Verletzungen und dauernde Streitereien zwischen den Tieren vermeiden will, macht eine Gemeinschaftshaltung in Stallbuchten nur dann Sinn, wenn die Tiere genügend Freiraum zur Verfügung haben. Sie müssen sich gegenseitig aus dem Weg gehen können, um ihre eigenen „Besitztümer" zu markieren.

Bei großzügiger **Freiland- oder Gehegehaltung** besteht für die Kaninchen der Freiraum, eigene Reviere festzulegen und auch zu behaupten. Diese entspricht ältesten Form der Kaninchenhaltung und ist den meisten Fällen sehr zu befürworten, denn die Tiere können bestimmte **artspezifische Triebe** wie Höhlenbau und die Markierung des Reviers besonders gut ausleben. Für unsere Rassekaninchenzucht, und hier besonders für die Aufzucht von Ausstellungstieren, birgt die Freilandhaltung aber erhöhte Verletzungs- und Krankheitsrisiken und ist daher kaum geeignet.

Die Haltung sogenannter Kaninchenpärchen in der Gruppe läuft mitunter nicht immer reibungslos ab. Oft beißen sich Häsinnen und Rammler gegenseitig, da sie jeweils die Vormachtstellung im Käfig für sich beanspruchen. Dies gilt auch für Wurfgeschwister. In schwierigen Fällen hat man die Möglichkeit, den Geruchssinn zeitweise durch das Einreiben von Nase und Afterbereich der entsprechenden Tiere mit stark duftenden Präparaten wie Parfüm oder Kräuteröl zu manipulieren. So wird der Mitbewohner zumindest zeitweise nicht mehr als Rivale erkannt. Auf Dauer bietet dies allerdings keine Lösung für das in Wirklichkeit zugrunde liegende Raummangelproblem.

**Tipp**
Für die Haltung von einem Pärchen als Liebhabertiere eignen sich am besten eine Häsin und ein kastrierter Rammler, vorausgesetzt, die beiden haben genügend Platz.

## Verhalten gegenüber artfremden Tieren und dem Menschen

Vielfach werden Kaninchen mit Meerschweinchen zusammengehalten, was häufig gut gelingt, da das Meerschweinchen aufgrund seines Geruches nicht als Rivale erkannt wird. Aus Sicht des unterschiedlichen Sozialverhaltens des Meerschweinchens ist dies aber nicht sinnvoll.

Oft werden Kaninchen auch problemlos mit Ziegen oder Pferden zusammen gehalten. Der Umgang mit Hunden und Katzen hingegen

Diese beiden pflegen eine „artübergreifende“ Bekanntschaft. Nur wenn die Katze mit solchen Kontakten von sehr jungem Alter an vertraut oder das Kaninchen beträchtlich größer als sie ist, wird sie das Kaninchen nicht als Beute betrachten.

ist generell mit Vorsicht zu betrachten. Es kommt hier ganz individuell auf den jeweiligen Hund oder die jeweilige Katze an, ob Gefahren für die Kaninchen bestehen. Auch die Reaktion der Kaninchen auf die Anwesenheit eines Hundes oder einer Katze kann sehr unterschiedlich sein. Ich habe Kaninchen gesehen, die beim Anblick eines Hundes in richtige Panik geraten sind und solche, die mit Hund und Katze regelrecht gespielt haben. Trotzdem darf man nicht vergessen, dass in der Natur junge Wildkaninchen zum Beuteschema sowohl von Wolf (Hund) und Katze gehören.

Auch zu seinem menschlichen Besitzer kann das Kaninchen, vor allem über seinen Geruchs- und Hörsinn, ein inniges Vertrauensverhältnis aufbauen und über die Zeit sehr zutraulich werden.

## Individuelle Charaktereigenschaften

Im Bezug auf das soziale Verhalten von Kaninchen spielen die Wesensarten der jeweiligen Tiere eine wichtige Rolle: jedes Kaninchen hat seinen eigenen, ganz persönlichen Charakter. Es zeigen sich auch Unterschiede zwischen den Rassen. So gelten beispielsweise Widder generell als ruhig und sanft, Kleinsilberkaninchen und viele Far-

Zu einem guten Mutterinstinkt gehört auch das Sammeln von Material für den Nestbau.

benzwerge eher als lebhaft und temperamentvoll. Aber nicht nur dies, auch geschlechtsspezifisch bedingt gibt es bestimmte Eigenheiten und vorherrschende Verhaltensweisen, die sich ganz unterschiedlich äußern können. Jeder, der seine Kaninchen gut beobachtet, wird bald jedes einzelne Tier mit „seinem“ Verhalten kennen.

**Wichtig**
Mangelhaft ausgeprägter Mutterinstinkt ist genetisch bedingt. Wenn man bei der Zucht neben den anderen nicht auch auf dieses Merkmal achtet, wird sich die Zahl solcher Häsinnen, die nicht für die Zucht geeignet sind, erhöhen.

## Der Mutterinstinkt

Der Mutterinstinkt unserer Kaninchen ist in Bezug auf ihr Säugeverhalten, Nestbau und Pflege der Jungtiere recht gut ausgeprägt. Jedoch fehlt eine Mutter-Kind-Bindung im eigentlichen Sinne. Das heißt, man kann in den meisten Fällen in den ersten Tagen nach dem Werfen Jungtiere aus anderen Würfen in die bestehenden Nester hinzulegen, ohne dass dies zu Komplikationen führt.

Nicht der Tast-, sondern der Geruchsinn ist für Milchaufnahme der Jungtiere ausschlaggebend. Auch in diesem Fall spielen die Pheromone eine wichtige Rolle, denn durch die Lockstoffe des Muttertieres werden die Jungen zu den Zitzen geleitet. Haben die Jungtiere Hunger, so werden sie unruhig und geben mitunter quiekende Laute von sich.

# Zucht, Genetik, Selektion

Unter Tierzucht versteht man das bewusste Verpaaren von Tieren mit einem bestimmten Zuchtziel. Neben einer strengen Selektion (siehe hierzu auch ab Seite 75) müssen hierbei bestimmte Regeln beachtet werden, um einen **züchterischen Fortschritt** zu erreichen. Dabei können die Zuchtziele durchaus unterschiedlich definiert sein.

Bei der Zucht von Haus- und Nutztieren orientiert man sich im Regelfall an den vom jeweiligen Zuchtverband festgelegten **Rassestandard**. Dieser gibt die charakteristischen Merkmale der jeweiligen Rasse vor.

In der Rassekaninchenzucht richten wir uns dementsprechend an dem vom ZDRK vorgegebenen Rassestandard. Dabei ist das Hauptziel einer Zucht die Herausbildung und Verbesserung der **gewünschten Eigenschaften** im Phänotyp und Genotyp, also des äußeren Erscheinungsbildes und der Erbgutausstattung (siehe hierzu ab Seite 71 bei den Grundlagen der Genetik).

Das festgelegte Zuchtziel erreicht man also zum einen durch die **Zuchtauslese** (siehe auch Seite 75) und zum anderen durch entsprechend ausgewählte **Zuchtmethoden**, die nach bestimmten Spielregeln funktionieren. Ebenso dient die Zucht in heutiger Zeit natürlich auch der reinen Arterhaltung (Erhaltungszucht) besonders gefährdeter Wildtiere oder Nutztierrassen.

## Zuchtmethoden

Um den Rahmen nicht zu sprengen, handelt es sich bei den im Folgenden aufgeführten unterschiedlichen Methoden nur um die bekanntesten Formen. Für welche man sich schlussendlich entscheidet, bleibt natürlich jedem selber überlassen. Entscheidend ist aber, dass man seine eigenen Zuchtziele vor Zuchtbeginn genau definiert, um sich dann die jeweils die dafür am besten geeigneten Zuchtformen auszuwählen.

Bei der Zuchtwahl sind bestimmte Faktoren zu berücksichtigen. Man sollte vor allem die nötigen **erbbiologischen Kenntnisse** besitzen, um das zur Verfügung stehende „Zuchtausgangsmaterial“ einschätzen zu können sich darüber klar sein, in welchem Umfang man züchten möchte. Hierbei sollte kein Züchter jemals vergessen, dass er bei der „Schaffung neuen Lebens“ eine große Verantwortung trägt.

Die einzelnen Zuchtmethoden beruhen auf jeweils unterschiedlichen vorherrschenden Genwirkungsweisen. In der Tierzucht, so auch bei Kaninchen unterteilt man die Zuchtmethoden im Wesentlichen in Reinzucht oder Auslesezucht, Kreuzungszucht und Kombinationszucht, wobei diese eine Art Sonderstellung einnimmt.

Rechte Seite:
Jeder Züchter ist gespannt auf die Ergebnisse seiner Zucht und freut sich über das „junge Kaninchen-Mutterglück“.

### Reinzucht

Grundlage für die Rassekaninchenzucht ist die Reinzucht. Hierbei werden Kaninchen innerhalb einer **Rasse** und eines **Farbenschlages** miteinander verpaart. Die jeweilige Rasse stellt dabei eine so genannte Reinzuchtpopulation dar. Innerhalb dieser Rasse können die genetischen Anlagen allerdings breit streuen. Das Zuchtziel wird daher erst durch strenge Auslese unter Berücksichtigung des Zuchtwertes der einzelnen Zuchttiere erreicht. Innerhalb der Reinzucht unterscheidet man zwischen Inzucht, Linienzucht und Fremdzucht.

### Inzucht

Bei der Inzucht, auch **geschlossene Zucht** genannt, werden blutsverwandte Tiere miteinander verpaart. Das **Verwandtschaftsverhältnis** der eingesetzten Zuchtpartner zueinander gibt den jeweiligen Grad der Inzucht wieder: Die mäßige Inzucht (Verpaarung entfernter Verwandter), die enge Inzucht (Verpaarung von Nichte × Onkel; Cousine × Cousin oder Tante × Neffe) und die Inzestzucht (engste Verwandtschaftspaarung: Eltern × Kinder und Großeltern × Enkelkinder, Geschwisterpaarungen).

**Hinweis**

Bei den Inzuchtverfahren besteht eine hohe Wahrscheinlichkeit, dass gleiche genetische Anlagen zusammentreffen, sodass es zu einer Zunahme von reinerbigen und einer Verminderung von mischerbigen Merkmalen kommt. Dadurch entstehen einheitlichere Typen. Dies gilt sowohl in der Tier-, als auch der Pflanzenwelt.

Wegen befürchteter **Inzuchtschäden** trifft diese Methode in Züchterkreisen häufig auf Ablehnung. Dieses Vorurteil ist aber unbegründet, sofern man sich mit den genetischen Zusammenhängen genauer befasst und man die Inzucht entsprechend planmäßig betreibt. Das bedeutet beispielsweise, die Wirkungsweise und Vererbungsmechanismen von Genen zu kennen, die Folgeschäden oder sogar den Tod (Letalfaktoren) der Nachkommen verursachen können, wenn sie in bestimmter Konstellation vorliegen. Darauf muss man bei der Wahl der Elterntiere genau achten. Eine fehlgeplante Inzucht kann schnell großen Schaden wie Anomalien (siehe hierzu auch Seiten 78, 80) in einer Zucht verursachen. Hier spricht man dann von **Inzuchtdepression**.

Die Inzucht bietet auch eine Reihe von Vorteilen. Es ist wissenschaftlich erwiesen, dass uns die jeweiligen Inzuchtformen auf dem einfachsten Weg ermöglichen, den **Erbwert** unseres Zuchtmaterials zu ermitteln, entsprechend zu **festigen** und sogar zu **verbessern**. Dies liegt an der wesentlich größeren **Ähnlichkeit der Erbmerkmale** bei blutsverwandten Tieren im Vergleich zu blutsfremden Tieren. Mit anderen Worten, die **Reinerbigkeit** (Homozygotie) nimmt zu und die **Spalterbigkeit** (Heterozygotie) wird verringert.

**Vorteile der Inzucht**

- Ausnutzung des Heterosiseffekts: besonders ausgeprägte Leistungsfähigkeit der Nachkommengeneration vor allem in den Merkmalen mit einem niedrigen Erblichkeitsgrad wie Vitalität und Fruchtbarkeit
- Inzuchtstabilität der Merkmale mit einem hohen Erblichkeitsgrad wie unter anderem Wachstum, Fleischqualität
- Steigerung der Erbfestigkeit: die positiven Eigenschaften des Erbgutes treffen unmittelbar aufeinander und können so stabilisiert und verstärkt werden

**Nachteile der Inzucht**

- Risiko von Anomalien, Inzuchtdepression: die negativen Eigenschaften des Erbgutes treffen unmittelbar aufeinander, insbesondere bei Geschwisterpaarungen und unerwünschte Merkmale treten besonders stark in Erscheinung
- besondere Anfälligkeit der Merkmale mit einem niedrigen Erblichkeitsgrad wie Vitalität, Fruchtbarkeit, Gesundheit, Widerstandfähigkeit, das heißt, je höher der Inzuchtgrad, desto eher entstehen Inzuchtschäden in diesem Bereich
- größere Gefahr des Auftretens von Letalfaktoren, also Genen, die, wenn sie reinerbig vorliegen, zum Tod des Nachkommen führen

**Hinweis**

Eine spezielle Art der Inzucht ist das Topcross-Verfahren. Hierbei werden ingezüchtete Vatertiere weder mit verwandten noch ingezüchteten Häsinnen verpaart. Dadurch, dass nur die Rammler der Verpaarung ingezüchtet sind, mindern sich die Risiken.

Abschließend bleibt festzuhalten, dass das Inzuchtverfahren in den meisten unserer überschaubaren Rassekaninchenzuchten auf irgendeine Art und Weise früher oder später einmal unvermeidlich zum Einsatz kommt. Wenn man sie dabei gezielt nutzt und den unerwünschten Effekten durch Selektion entgegenwirkt, kann sie ein sehr nützliches Mittel zur Festigung des Erbwertes sein.

Die Inzucht ist eine sehr komplexe und anspruchsvolle Zuchtform, die umfangreiche **Kenntnisse in der Genetik** erfordert. Anfänger in der Zucht sollten dieses Instrument nur bedingt einsetzen. Eine zielgerichtete und sinnvoll geplante Inzucht, verknüpft mit intensiver Selektion, ist das erfolgreichste Konzept, um erwünschte **Erbanlagen**

Hermelin Blauauge, Häsin mit ihren beiden Jungtieren.

in einem Zuchtstamm zu **festigen**. Vorraussetzung hiefür ist aber unabdingbar das gewissenhafte Führen eines **Zuchtbuches** über viele Jahre hinweg (siehe Seite 78).

### Linienzucht, Inzuchtlinienzucht

In der Kaninchenzucht ist besonders die Linienzucht, manchmal auch Familienzucht genannt, weit verbreitet und auch für kleinere Zuchten geeignet. Sie ist eine vom Züchter angewandte Form der Inzucht, und zwar eine Kombination zwischen Inzucht und Kreuzungszucht.

Ursprungsgedanke der **Linienzucht** war es, anhand ausgewählter Elterntiere durch Rückkreuzung mit den eigenen Nachkommen eine besonders erbfeste „Linie" zu erreichen. In kleineren Zuchten mit wenigen Ausgangstieren wird dies häufig über einen sogenannten **Stammrammler** als eine Art „Liniengründer" versucht. Dieser wird vermehrt in der Zucht eingesetzt, sowohl bei der Verpaarung mit seinen eigenen Nachkommen als auch mit Tieren aus blutsfremden Linien.

Von einer **geschlossenen Linienzucht** hingegen spricht man, wenn zur Zucht keine blutsfremden Tiere eingesetzt werden. Typisch für diese Arten von Linienzuchtaufbau ist der deutlich **niedrigere Inzuchtgrad** im Vergleich zur Inzuchtlinienzucht.

Die **Inzuchtlinienzucht** beruht auf einem wesentlich höheren Inzuchtgrad, bis hin zur Inzestzucht. Hierbei baut man sich auf der Grundlage der Verpaarung zweier möglichst „wertvoller" Elterntiere seine Zuchtstämme auf. Dabei müssen die Ausgangstiere nicht unbedingt in allen Merkmalen den erwünschten Zuchtzielen entsprechen. Allerdings sollte man darauf achten, dass die Schwäche des einen Partners durch eine entsprechende Stärke in dem gleichen Merkmal des anderen ausgeglichen wird.

Die aus der Ausgangsverpaarung gefallenen Nachkommen kann man dann beliebig mit der Elterngeneration rückkreuzen: Sohn auf Mutter oder Vater auf Tochter sowie die Geschwister untereinander verpaaren. Dadurch erzielt man eine Reinerbigkeit für möglichst viele verlangte Eigenschaften. Auf diese Art und Weise hat man die Möglichkeit, sich über Generationen hinweg mehrere **Stammlinien** mit jeweils unterschiedlichen gewünschten Merkmalen aufzubauen.

Die direkten Nachkommen einer Paarung aus zwei unterschiedlichen Linien erzielen oft eine Leistungssteigerung, einen Heterosiseffekt ähnlich wie bei der Kreuzungszucht.

**Hinweis**

Wichtig bei der Linienzucht ist der ständige Aufbau eigenständiger Linien, die nicht oder nur wenig miteinander verwandt und reinerbig durchgezüchtet sind. Dies ist in der Praxis häufig schwierig und mit langjähriger Zuchtarbeit verbunden. So ist die Inzuchtlinienzucht eher für große Zuchten und Züchter mit großer Erfahrung sinnvoll.

### Fremdzucht

Fremdzucht bedeutet die Verpaarung von Tieren, die nicht miteinander blutsverwandt sind, aber dennoch derselben Rasse angehören. Die in der F1-Generationen (erste Filial- oder Nachkommengeneration, siehe auch Seite 72) gefallenen Jungtiere werden dann wiederum erneut mit „fremdem" Zuchtmaterial verpaart. Hierbei kann das Resultat höchst unterschiedlich ausfallen, da diese Art der Zucht im Vergleich zu den bereits vorgestellten anderen Methoden aufgrund der vielfältigen Genkombinationen umso mehr auf Glück und Zufall basiert. Es ist also dabei durchaus möglich, einmal im wahrsten Sinne des Wortes den „großen Wurf" zu landen, genauso bitter kann aber die Enttäuschung sein, wenn das Erbmaterial der Elterntiere einfach nicht zueinander gepasst hat.

Bei der **Kreuzungszucht** wird zwischen Kombinationszüchtung und Kombinationskreuzung unterschieden. Der wesentliche Unterschied zwischen diesen beiden Zuchtverfahren ist, dass bei der Kombinationszüchtung die **additiven Genwirkungen**, das heißt Eigenleistungen in den Linien, und bei der Kombinationskreuzung die nichtadditiven **Genwirkungen**, das heißt die Kombinationseignung in den Linien, ausgenutzt werden.

**Hinweis**
Ursprünglich bedeutet „Kreuzen" das Verpaaren von Tieren unterschiedlicher Rassen. Gezielte Kreuzung verschiedener Rassen kann Heterosiseffekte, also verstärkte Leistungseigenschaften bei den „Mischlingen" in der ersten Generation in den Merkmalen mit einem geringen Erblichkeitsgrad wie Fruchtbarkeit, Vitalität und Gesundheit mit sich bringen. Heutzutage wird der Begriff „Kreuzung" aber auch oft verallgemeinert und generell dafür der Ausdruck „Verpaarung" verwendet.

### Kombinationszüchtung / Eigenschaftskombination

Kombinationszüchtung ist dann empfehlenswert, wenn das Erbgut eines Zuchtstammes ausgereizt ist, sodass man seine Zuchtziele mit der bestehenden Zuchtlinie und deren Erbgut nicht mehr verwirklichen kann. Durch **Einkreuzung** fremder Rassen oder Farbenschläge wird der bestehende **Genbestand** entsprechend neu **angereichert**. Hierbei unterscheidet man wiederum zwischen **Veredlungszucht** mit höchstens zweimaligem Einkreuzen einer fremden Rasse und **Verdrängungskreuzung** mit mindestens dreimaligem Einkreuzen einer fremden Rasse.

Je häufiger man die fremde Rasse oder den fremden Farbenschlag einkreuzt, desto mehr nimmt die Ursprungsrasse die Merkmale der eingekreuzten Rasse an. Daher auch der Begriff Verdrängungskreuzung, da die ursprünglichen Merkmale im wahrsten Sinne des Wortes verdrängt werden. Diese findet in der Tierzucht häufig Anwendung zur Bildung **neuer Rassen** und **Farbenschläge**, es wird somit eine neue, sogenannte Reinzuchtpopulation gebildet.

### Kombinationskreuzung / Gebrauchskreuzung

Die Kombinationskreuzung wird vorwiegend in der kommerziellen Tierzucht eingesetzt. Sie dient der Züchtung von Nutz- oder Gebrauchstieren und wird daher oft auch **Gebrauchskreuzung** genannt. In der gewerblichen Kaninchenzucht etwa erfolgt mit dieser Zuchtwahl häufig die Zucht von Hybriden (Mischlings- oder Kreuzungstiere) zur Fleischgewinnung. Um den Hybrideffekt (**Heterosis**)

auszulösen, werden gezielt Tiere verschiedener Rassen mit unterschiedlichen Eigenschaften miteinander gekreuzt. Man nennt dies auch „Luxurieren".

Kleinchinchilla-Muttertier mit einem ausgeglichenen Wurf Jungtiere.

Man unterscheidet hierbei verschiedene Formen der **Mehrfachkreuzung** wie beispielsweise Zwei-Rassenkreuzung, Drei-Rassenkreuzung und Vier-Rassenkreuzung. Ausschlaggebend ist jedoch, dass mit den Nachkommen der F1-Generation nicht mehr weitergezüchtet wird. Diese Tiere sind bereits das „Endprodukt" zum abschließenden Gebrauch oder zu ihrer direkten Nutzung wie zum Beispiel der Fleisch- oder Fellgewinnung.

Die Endkreuzungstiere liefern durch den gezielt durch diese Kreuzung hervorgerufenen **Heterosiseffekt** einen höhern Ertrag in den gewünschten Eigenschaften als dies bei den Ausgangstieren der Fall ist. Somit sind sie als wirtschaftlicher zu betrachten.

Der weitere Zuchteinsatz von Endkreuzungstieren würde zu sogenannten **Rekombinationsverlusten** führen, schlechteren Leistungseigenschaften in der F2-Generation, die durch den hier nicht mehr auftretenden Heterosiseffekt hervorgerufen werden.

## Grundlagen der Genetik

Die Genetik ist ein Fachbereich der Biologie. Der Begriff stammt aus dem Griechischen und bedeutet Vererbungslehre. Sie beschäftigt sich mit dem Aufbau und der Funktion von Erbanlagen, den Genen und mit deren Weitergabe an die Nachkommen.

Diese Weitergabe findet aber nicht willkürlich oder zufällig statt, sondern unterliegt festen statistischen Regeln. Aber auch das Mitwirken äußerer Einflüsse spielt eine entscheidende Rolle.

Die Vererbungslehre setzt sich aus verschiedenen Teilgebieten zusammen. Zum einem der klassischen Genetik, hierzu zählt vor allem die **Mendel- oder Faktorengenetik**, die **Mutationsgenetik.** Zum anderen besteht sie aus der statistischen Genetik, die man auch als **Populationsgenetik** bezeichnet. Sie untersucht zahlenmäßig, wie sich die ökologischen Eingriffe in die genetische Zusammensetzung von Bevölkerungen, also Populationen auswirken und welche Folgen dies auf deren ökologischen Eigenschaften haben kann.

Die **Pathogenetik** oder auch Erbpathalogie ist ein Teilgebiet der Vererbungslehre, das sich mit der Entstehung und Entwicklung genetischer bedingter Defekte beschäftigt.

### Die Mendel'schen Gesetze

Um die Grundlagen Vererbungslehre richtig zu verstehen, ist ein bestimmtes Grundwissen von Nöten. Dabei gehören vor allem die Erkenntnisse aus den Mendel'schen Regeln, welche für den Kaninchenzüchter vor allem im Hinblick auf die **Farbvererbung** grundlegend sind, zum Basiswissen.

Im Jahr 1865 entdeckte der Augustinermönch Johann Gregor Mendel erstmals Gesetzmäßigkeiten bei der Erbanlagenverteilung und zwar durch Kreuzungsexperimente mit Erbsen. Aus diesen Ergebnissen leitete er drei grundlegende Gesetzmäßigkeiten der Vererbung ab. Sie werden heute als die Mendel'schen Gesetze oder Regeln bezeichnet. Sie gelten universell, sowohl für Pflanzen als auch für Tiere, und basieren auf den von Mendel geprägten Begriffen „dominant" und „rezessiv" für die Art und Weise, wie sich bestimmte Blütenfarben bei seinen Versuchspflanzen in der nächsten Generation zeigten.

Ein **dominanter**, also beherrschender **Erbfaktor** setzt sich in der Merkmalsausprägung gegenüber dem rezessiven Erbfaktor durch. Ein „dominantes" Gen wird in Vererbungsschemata mit einem großen Buchstaben dargestellt: zum Beispiel A.

**Rezessive** Gene werden von dominanten unterdrückt. Dabei bedeutet der Begriff rezessiv: nicht in Erscheinung tretend oder zurückweichend. Rezessive Gene werden in Schemata mit kleinen Buchstaben dargestellt: zum Beispiel a. Die Kombination zweier dominanter Gene würde man demnach als AA aufschreiben, zweier rezessiver Gene als aa, ihre Kombination als Aa.

**Die Uniformitätsregel** 1. Mendel'sches Gesetz

Kreuzt man zwei Individuen, die sich in einem Merkmal unterscheiden, für das sie beide **reinerbig** (**homozygot**, je ein gleiches Gen von jedem Elternteil) sind, so zeigen die Nachkommen der ersten Generation (F1-Generation, **Filialgeneration**, F = Filial, Tochter) ein einheitliches (uniformes) Erscheinungsbild bezüglich dieses Merkmals.

Diese Regel gilt sowohl für das äußere **Erscheinungsbild** (**Phänotyp**) als auch für die **Erbausstattung**, den **Genotyp**, welcher bei allen Nachkommen dieser Verpaarung **mischerbig** (**heterozygot**) ist.

Bei dominant-rezessiver Vererbung haben nach der Uniformitätsregel alle Nachkommen die gleiche Ausprägung wie des Elternteils, der das dominante Gen vererbt. Die Elterngeneration bezeichnet man auch als **Parentalgeneration** = P.

**Beispiel**: Bei Kaninchen ist die schwarze Fellfarbe dominant gegenüber der blauen. Die blaue Farbe ist daher rezessiv. Wenn also beispielsweise ein reinerbiges Schwarzlohkaninchen mit einem reinerbigen Blaulohkaninchen verpaart wird, haben alle Jungtiere der F1-Generation ein schwarzes und ein blaues Farbgen für die Fellfarbe. Die Tiere dieser Generation sind dann mischerbig, also heterozygot. Sie werden auch als Bastarde oder Hybriden bezeichnet.

Trotzdem sind sie aber alle vom Erscheinungsbild einheitlich (uniform), nämlich schwarz, weil das schwarze Farbgen gegenüber dem blauen dominant ist.

| P = Eltern | DD | | dd |
|---|---|---|---|
| F1 = Nachkommen | | Dd | |

**Die Spaltungsregel** 2. Mendel'sches Gesetz
Kreuzt man zwei Individuen miteinander, die beide gleichartig heterozygot (verschiedenerbig) sind, wie beispielsweise die F1-Generation des Beispiels oben, dann sind die Individuen der F2-Generation nicht mehr gleich (uniform), sondern spalten sich bezüglich der Merkmalsausprägung im äußeren Erscheinungsbild nach bestimmten Zahlenverhältnissen auf. Dabei kommen die Merkmale der P-Generation (Elterngeneration), hier Blau und Schwarz, wieder zum Vorschein.

Bei dominant-rezessiver Vererbung, sind ein Viertel der Individuen der F2-Generation reinerbig mit zwei rezessiven Erbanlagen und zeigen eine entsprechende Merkmalsausprägung im Erscheinungsbild, zum Beispiel die blaue Fellfarbe. Die übrigen drei Viertel zeigen eine Ausprägung wie reinerbige Individuen mit zwei dominanten Erbanlagen, im Beispiel schwarze Fellfarbe. Diese drei Viertel setzten sich wiederum aus einem Viertel reinerbigen und zwei Viertel mischerbigen Individuen zusammen.

**Beispiel**: Verpaart man die F1-Generation aus der obigen P-Generation, also die schwarzlohfarbigen Jungtiere untereinander, so erhält man phänotypisch (also auf das Aussehen bezogen) schwarzlohfarbige und blaulohfarbige Jungtiere in der F2-Generation in einem Verhältnis von 3:1. Somit ist bewiesen, dass die Information für das blaue Fellhaar nicht verloren gegangen ist, sondern nur von dem schwarzen Merkmal überdeckt wurde. Im Unterschied dazu ist das Verhältnis genotypisch betrachtet jedoch 1:2:1, denn auf ein homozygotes (reinerbiges) schwarzlohfarbiges Jungtier kommen zwei heterozygote (mischerbige), bei denen sich nur das dominante Gen durchsetzt, und ein homozygotes (reinerbiges) blaulohfarbiges.

| P = Eltern | | Dd | | | Dd | |
|---|---|---|---|---|---|---|
| F1 = Nachkommen | DD | | Dd | Dd | | dd |

## Die Unabhängigkeitsregel/Neukombinationsregel

3. Mendel'sches Gesetz
Kreuzt man Individuen, die sich in zwei Merkmalen reinerbig unterscheiden, so werden die Merkmale unabhängig voneinander vererbt. Die F1-Generation ist uniform, aber in der F2-Generation können reinerbige Neukombinationen auftreten.

Bei der Unabhängigkeitsregel wird nicht nur ein Merkmal, sondern das Vererbungsverhalten von mehreren Merkmalen bei der Kreuzung reinerbiger Individuen und deren Nachkommen betrachtet. Die phänotypischen Ausprägungen bei der Nachkommengeneration hierbei in einem jeweils im Verhältnis 9:3:3:1 vor (siehe rechte Seite).

**Hinweis**
Die zahlenmäßigen, phänotypischen Aufspaltungen, wie sie im 2. und 3. Mendel'schen Gesetz dargelegt sind, werden statistisch erreicht. Je größer die Anzahl der Individuen in der F1 und F2, desto näher kommen die tatsächlichen Zahlenverhältnisse den berechneten Werten.

Spiel der Natur oder Ziel des Züchters: Drei ganz „unterschiedliche“ Nachkommen zeigen sich in diesem Wurf der Mecklenburger Schecken.

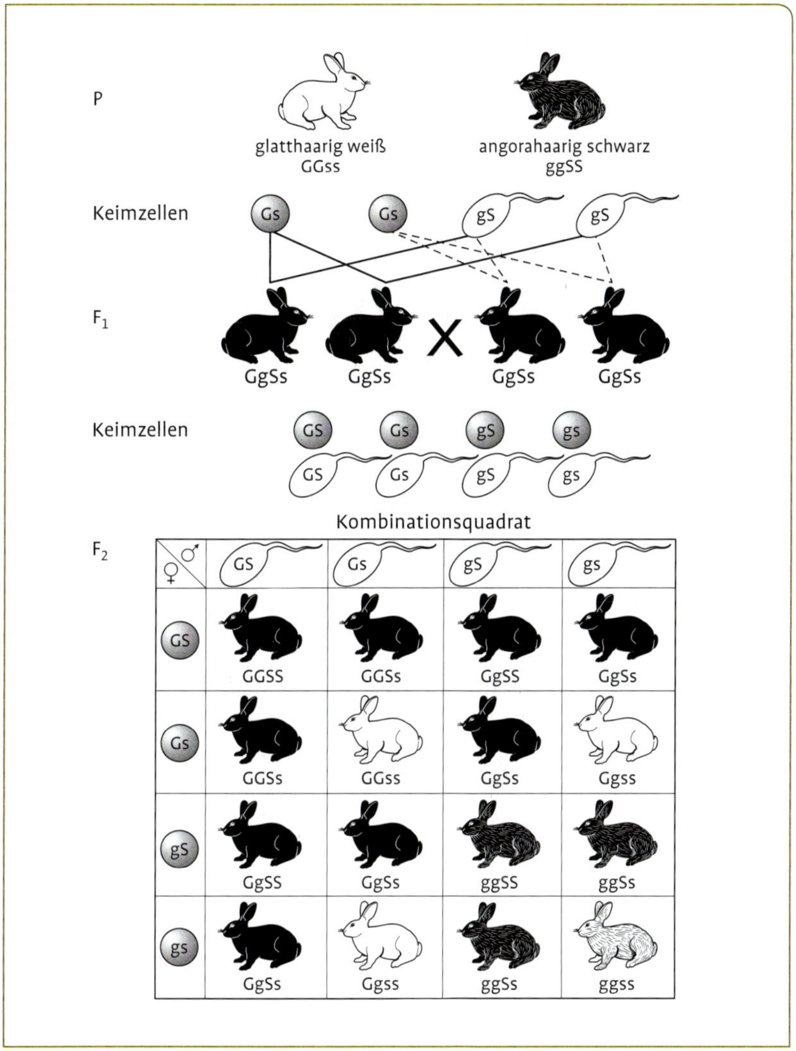


Darstellung des 3. Mendel'schen Gesetzes mit zwei Genen. In der zweiten Generation treten Neukombinationen der beiden Gene auf.

## Selektion

Der Begriff Selektion kommt aus dem Lateinischen und bedeutet Auswahl oder Aussonderung. Oft wird hierfür auch die Definition „Zuchtwahl" verwendet. Biologisch gesehen unterscheidet man grundsätzlich zwischen drei Arten: Die **natürliche Selektion** ist wie der Name schon sagt, eine Auslese, die durch die natürlichen Umwelteinflüsse bewirkt wird, nach dem Motto „ die Flexibelsten überleben". Die zweite Art der Selektion, mit der wir uns im weiteren Verlauf ausführlicher beschäftigen werden, ist die **künstliche Selektion**. Hierbei handelt es sich um eine vom Menschen gesteuerte Zuchtauswahl.

**Tab. 5** Bezeichnung der Farb- und Fellgene (Gencodes) beim Kaninchen

| Europäische Symbolik | Internationale Symbolik |
|---|---|
| A = normal - chinchilla - albino | A = wild - loh/weißgranne - einfarbig |
| B = Schwarzausbreitung (gelb/rot) | B = normal - braun (feh) |
| C = normal - braun (feh) | C = normal - chinchilla - albino |
| D = Verdünnt (blau/feh) | D = Verdünnt (blau/feh) |
| G = wild - loh/weißgranne - einfarbig | E = Schwarzausbreitung (gelb/rot) |
| X = leuzistisch weiß | v = leuzistisch weiß |
| lu = lutino | p = lutino |
| y = Rot-Modifizierer | r = Rot-Modifizierer |
| e = Schwarz-Modifizierer | n = Schwarz-Modifizierer |
| w = Breitband-Faktor | w = Breitband-Faktor |
| P = Silberungs-Faktor | Si = Silberungs-Faktor |
| k = punktgescheckt | En = punktgescheckt |
| s = plattengescheckt | du = plattengescheckt |
| r = Rex | rex = Rex |
| sa = Satin | sa = Satin |
| v = Angora | l = Angora |
| M = Mähne | M = Mähne |

Quelle: www.rabbitcolors.info/int/de/entries/all/1.html

Die sexuelle Selektion ist die dritte Art. Sie wird durch biologische Faktoren bei der Partnerwahl gesteuert, die dazu führen, immunologisch starke Nachkommen zu erzeugen.

### Gezielte Zuchtwahl

Die künstliche Selektion ist die einzige Art der Auslese von Lebewesen, die durch Menschenhand stattfindet. Bei der natürlichen Selektion stehen immer Merkmale, die Überleben und Fortpflanzung sichern, im Vordergrund. Bei der künstlichen werden die verschiedenen Merkmale und Eigenschaften, die in der Zucht gewünscht sind, durch den Menschen ausgewählt und es kann beispielsweise eine neue Rasse oder ein neuer Farbenschlag entstehen.

Als sinnvolle Entscheidungsgrundlage für die Selektion in der Tierzucht anzusehen sind nicht nur das jeweilige äußere **Erschei-**

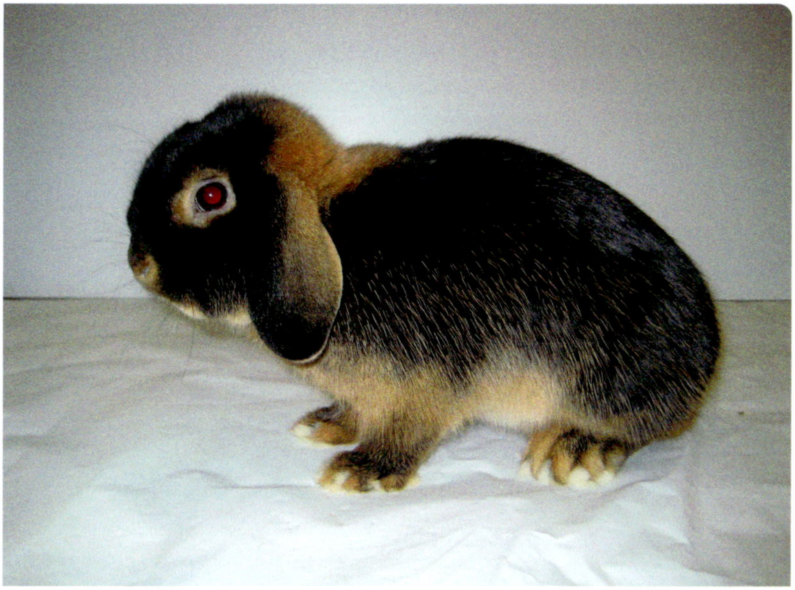

Dieser Zwergwidder-Zuchtrammler in Lohfarbig-Schwarz ist für Züchter ein „optischer Leckerbissen“.

**nungsbild** (Phänotyp) und die **Leistungsmerkmale**, sondern vor allem auch der **Erbwert** der Tiere. Dieser Wert steht dafür, wie stabil und von welcher Qualität sie die Merkmale weitervererben. Dies bedeutet, dass ein optisch sehr schönes und womöglich auch hoch bewertetes Kaninchen nicht zwingend eine gute Wahl für die Zucht sein mag. Sein Erbwert kann niedrig sein.

Der Maßstab für „gutes Aussehen“, also ein schönes äußeres Erscheinungsbild, wird in unserer Rassekaninchenzucht durch den **Rassestandard** des ZDRK festgelegt. Daran sollte man sich als Züchter reinrassiger Kaninchen unbedingt orientieren, wenn man auf Ausstellungen erfolgreich sein möchte. Im Standard werden nur die körperlichen Merkmale: Gewicht, Körperform, Typ und Bau, Fellhaar und die spezifischen Rassemerkmale der jeweiligen Kaninchenrasse detailliert erklärt.

Aber mindestens ebenso wichtig für die Selektion, doch oft in der Rassekaninchenzucht stark vernachlässigt, sind die **Leistungsmerkmale** des Tieres. So hat jedes Kaninchen bestimmte, mehr oder weniger gute Eigenschaften, aus denen sich sein Nutzwert ergibt. Zu den wichtigsten zählen Fruchtbarkeit, also Fortpflanzungsfähigkeit und -bereitschaft, Mutterinstinkt und Milchleistung, Futterverwertung, Frohwüchsigkeit, Vitalität und nicht zuletzt auch die Fleisch- und Fellqualität. Daher sollten für die Zucht nur Tiere mit möglichst vielen guten Leistungseigenschaften eingesetzt werden, denn, salopp gesagt: „Was nützt einem die schönste Häsin, wenn sie unfruchtbar ist?“

### Den Erbwert beurteilen

Um den Erbwert eines Tieres richtig beurteilen zu können, braucht man Grundkenntnisse in der Genetik sowie Erfahrung. Da die Ausprägungen der jeweiligen Erbanlagen nicht immer sichtbar sind, ist die genetische Bewertung umso schwieriger.

Den wirklichen Erbwert erkennt man erst **an den Nachkommen** oder auch erst an späteren Generationen. Hier gilt es daher, durch kompromisslose Auslese insbesondere Erbkrankheiten und -fehler auszuschließen. Hierbei ist eine lückenlose Zuchtbuchführung für jeden gewissenhaften Züchter Pflicht. **Dokumentation** über Eigenschaften und Merkmale der Tiere über Generationen hinweg helfen uns, die genetischen Defekte aufzudecken und dann entsprechend zu selektieren. An einem lückenlos dokumentierten **Stammbaum** lassen sich Anomalien oft sehr viel leichter nachvollziehen und die Tiere aufspüren, die die Ursache dafür in eine Zuchtlinie gebracht haben.

Trotzdem muss bei der Zucht immer in Betracht ziehen, dass manchmal das Erbgut verschiedener Zuchttiere, so hochwertig es auch sein mag, einfach nicht harmoniert.

## Zuchtbuchführung

Die wesentliche Grundlage für ein aussagekräftiges Zuchtbuch ist die gewissenhafte und richtige **Kennzeichnung** der Tiere. Hierbei ist die Ehrlichkeit des Züchters im besonderen Maße gefragt, denn werden beim Tätowieren Tiere aus verschiedenen Würfen verbotenerweise einfach zusammengelegt, ist dies nicht nur Betrug an den Zuchtfreunden, man setzt die gesamte Aussagefähigkeit seines Zuchtbuches aufs Spiel.

Mit diesem Kapitel über die Zuchtbuchführung möchte ich in erster Linie verdeutlichen, dass uns alle unsere Kenntnisse über die Vererbungslehre nur dann an unser gewünschtes **Zuchtziel** bringen, wenn wir parallel hierzu auch ein ehrlich geführtes Einzelzuchtbuch führen. Denn das umfangreichste genetische Fachwissen hilft nicht weiter, wenn wir uns und unseren Zuchtfreunden am Ende durch die eine oder andere Mogelei etwas Falsches vormachen.

### Auf das Detail kommt es an

Ursprünglich wird das Zuchtbuch oder Zuchtstammbuch als eine geordnete Zusammenstellung beglaubigter **Abstammungsnachweise** von Zuchttieren definiert. Zuchtbücher sind schon seit vielen Jahrhunderten von großer Bedeutung in der Viehzucht, um die Abstammung und die Erbfolge von Zuchttieren unabdingbar nachzuvollziehen. Schon im 2. Jahrtausend v. Chr. wurden die ersten Zuchtbücher geführt.

Aufgabe des Zuchtbuchs neben der reinen Abstammungsaufzeichnung ist es, anhand detaillierter Eintragungen die an die Nachkommen vererbten Eigenschaften aufzuzeigen. Diese wertvolle **Aussagekraft** des Zuchtbuches im Hinblick auf die Weiterzucht ergibt sich

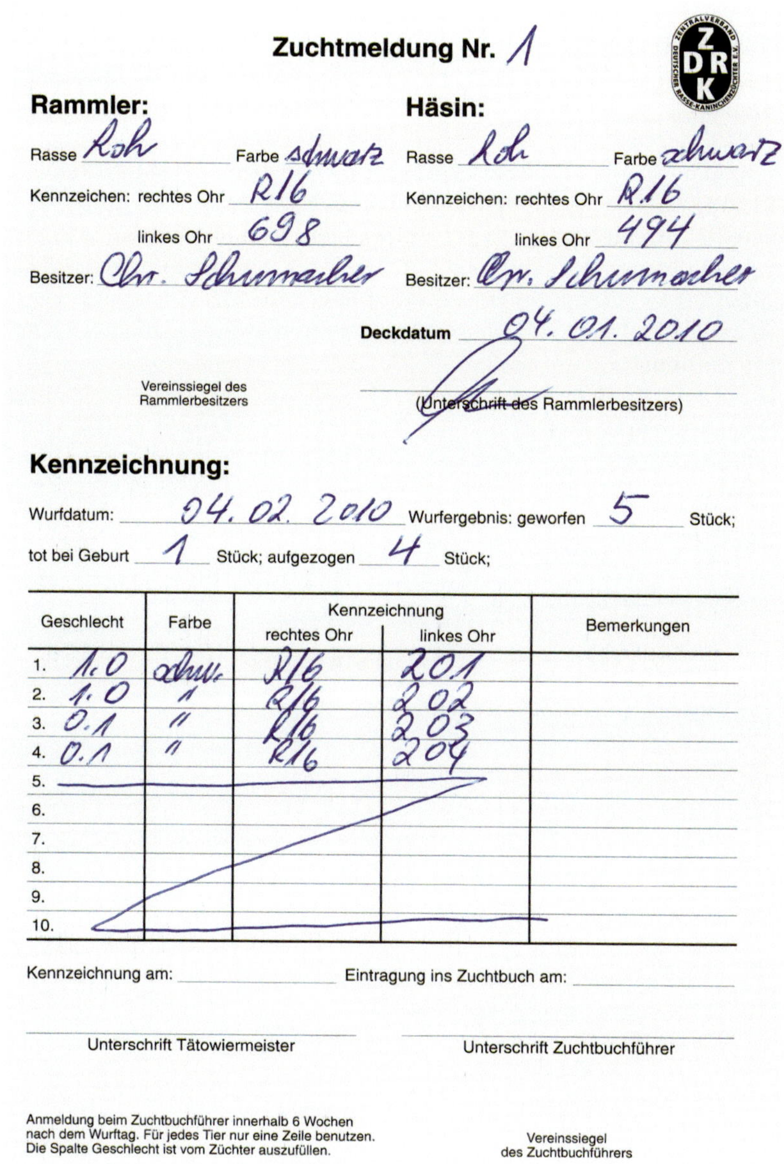

**Zuchtmeldung Nr.** 1

ZDRK – Zentralverband Deutscher Rasse-Kaninchenzüchter e.V.

**Rammler:**
Rasse Roh Farbe schwarz
Kennzeichen: rechtes Ohr R16
linkes Ohr 698
Besitzer: Chr. Schumacher

**Häsin:**
Rasse Roh Farbe schwarz
Kennzeichen: rechtes Ohr R16
linkes Ohr 494
Besitzer: Chr. Schumacher

**Deckdatum** 04. 01. 2010

Vereinssiegel des Rammlerbesitzers

(Unterschrift des Rammlerbesitzers)

**Kennzeichnung:**

Wurfdatum: 04. 02. 2010 Wurfergebnis: geworfen 5 Stück;
tot bei Geburt 1 Stück; aufgezogen 4 Stück;

| Geschlecht | Farbe | Kennzeichnung rechtes Ohr | Kennzeichnung linkes Ohr | Bemerkungen |
|---|---|---|---|---|
| 1. 1.0 | schw. | R16 | 201 | |
| 2. 1.0 | " | R16 | 202 | |
| 3. 0.1 | " | R16 | 203 | |
| 4. 0.1 | " | R16 | 204 | |
| 5. | | | | |
| 6. | | | | |
| 7. | | | | |
| 8. | | | | |
| 9. | | | | |
| 10. | | | | |

Kennzeichnung am: Eintragung ins Zuchtbuch am:

Unterschrift Tätowiermeister

Unterschrift Zuchtbuchführer

Anmeldung beim Zuchtbuchführer innerhalb 6 Wochen nach dem Wurftag. Für jedes Tier nur eine Zeile benutzen. Die Spalte Geschlecht ist vom Züchter auszufüllen.

Vereinssiegel des Zuchtbuchführers

Beispiel, wie die Zuchtmeldung richtig ausgefüllt werden sollte. 1,0 bezeichnet männliche, 0,1 weibliche Tiere.

aber nur durch eine ausführliche, lückenlose und fehlerfreie **Dokumentation** aller notwendigen Daten. Meist liegt der wunde Punkt allein darin, dass es an der entsprechenden Gewissenhaftigkeit mangelt. In vielen Zuchtbüchern fehlen wichtige Informationen oder es werden Eintragungen falsch vorgenommen.

Lückenlose Aufzeichnungen werden zu einer unverzichtbaren Hilfe, um die Eigenschaften und Merkmale des Zuchtbestandes zu festigen und Erbfehler zu vermeiden. Sie dienen als Grundlage für die Selektion. Perfektionieren kann man seine Zuchtbuchführung noch durch Anbringung entsprechender **Stallkarten** mit den wichtigsten Daten des jeweiligen Kaninchens. Dies erleichtert die Übersicht direkt bei den Tieren.

Man unterscheidet in der Rassekaninchenzucht zwischen dem **Vereinszuchtbuch** und dem **Einzelzuchtbuch**. Aufzeichnungen, die allein im Vereinszuchtbuch geführt werden, sind für die eigene Zucht nicht aussagekräftig genug, hier wird nur die Abstammung der einzelnen Tiere anhand des vom Züchter abgegeben Deckscheines eingetragen. Viele andere, relevante Details sollten im Einzelzuchtbuch notiert werden.

**Hinweis**
Nützliche Schlussfolgerungen für die Zucht kann nur das Einzelzuchtbuch mit seinen weiter reichenden Einträgen liefern. Das Vereinszuchtbuch hingegen dient zur Beglaubigung von Nachweisen wie Zuchtbuchauszüge, Rasse- und Abstammungsnachweise sowie zur Übersicht über die jährlich gezüchtete Tierzahl im Verein.

**Ein aussagekräftiges Einzelzuchtbuch sollte möglichst folgende Angaben enthalten**

**1. Grunddaten**
- Angabe der Elterntiere
- Deckdatum und Wurftag
- Zahl der Totgeburten
- Zahl und Geschlecht der aufgezogenen Jungtiere

**2. Vermerke über die Eigenschaften (Vor- und Nachteile) des jeweiligen Tieres**

a) beim Erscheinungsbild (Phänotyp)
- Körperform, Typ und Bau, Rassemerkmale etc.
- Farbvarianten (z. B. hellblau, dunkelblau etc.) oder Fehlfarben
- Anomalien (Missbildungen)

b) bei den Leistungsmerkmalen
- Fruchtbarkeit (Fortpflanzungsfähigkeit und -bereitschaft, Mutterinstinkt, Milchleistung, Aufzuchtverhalten)
- Futterverwertung und -aufnahme
- Wachstum und Entwicklung
- Vitalität oder Krankheitsanfälligkeit
- Fleisch- und Fellqualität (bei Mast- bzw. Angorakaninchen)

c) bei den Wesensmerkmalen oder Charaktereigenschaften
- Aggressivität, Unruhe etc.
- Mütterliches Verhalten

d) Sonstige Daten, zum Beispiel zu
- Bewertungsresultaten
- Vorbesitzern
- anderen Beobachtungen
- Besonderheiten

Die Angaben können selbstverständlich individuell beliebig ergänzt werden und verstehen sich als Vorschlag. Auch kann das Einzelzuchtbuch durchaus auf verschiedene Art und Weise geführt werden, hierzu gibt es im Vergleich zur Führung des Vereinszuchtbuches keine festen **Formvorschriften**. Sinnvoll ist beispielsweise die Verwendung vorgefertigter Zuchtbuchvorlagen des ZDRK.

Wer zur Zuchtbuchführung den Computer nutzen möchte, hat diese Möglichkeit mit einem der vielen **Softwareprogramme**, die für die Einzelzuchtbuchführung von verschiedenen Anbietern erhältlich sind. Bedeutend dabei ist nur, dass alle wichtigen Daten nachvollziehbar sind, um die notwendigen Rückschlüsse über den Erbwert im Hinblick auf die Weiterzucht ziehen zu können.

**Die Zuchtbuchführung bietet**

- bessere Kontrolle über den Stand der Zucht und der Annäherung an das Zuchtziel
- Übersicht über den Stammbaum
- bessere Kenntnis der Vor- und Nachteile der einzelnen Tiere
- eine aussagekräftige Grundlage für die Selektion
- die Möglichkeit der Festigung des Erbwertes
- Hilfe für den langfristigen Aufbau einer eigenen erbfesten Zuchtlinie
- durch frühzeitige Entdeckung von Erbfehlern deren Vermeidung in der Weiterzucht
- detaillierte Hinweise für den Käufer eines Tieres
- die Möglichkeit des schnelleren und besseren Reagierens in Bezug auf die Zuchtwahl

# Fortpflanzung, Geburt und Absetzen

Die Fortpflanzung und Aufzucht von Rassekaninchen ist ein weitaus komplexeres und spannenderes Themengebiet als meist angenommen wird. Gerade erfahrene Züchter wissen davon ein Lied zu singen, denn man erlebt immer wieder neue Phänomene, die sich auf Anhieb oft nicht erklären lassen. Letztendlich stellt aber gerade diese Unberechenbarkeit der Natur den besonderen Reiz dar.

Biologisch gesehen ist die Fortpflanzung von Lebewesen die **Reproduktion** genetisch weitgehend ähnlicher Individuen. Daneben aber werden bei der Bildung neuer Generationen durch die **geschlechtliche Fortpflanzung** die Erbanlagen mit immer wieder neu gemischt, was grundlegend für die **Arterhaltung** der jeweiligen Lebewesen ist, denn dies erlaubt erst die **Anpassung** an veränderte Lebensbedingungen.

Da das Erbgut durch zwei verschiedengeschlechtliche Lebewesen gleicher Art, also durch die Eltern an die Nachkommen weitergegeben wird, spricht man von geschlechtlicher Fortpflanzung. Sie erfolgt jeweils über die Geschlechtzellen, also über Zellen die durch eine besondere Art der Zellteilung, der **Meiose**, entstanden sind. Hierbei wird der Chromosomenbestand, also der Träger der Gene im Zellkern, halbiert. Die Meiose wird auch als **Reife- oder Reduktionsteilung** bezeichnet. Durch die Verschmelzung der Geschlechtszellen mit dem jeweils halben Chromosomensatz bei der Befruchtung entsteht dann wieder der vollständige Bestand an Genen in der befruchteten Eizelle. Kaninchen weisen in jeder ihrer Körperzellen 22 Chromosomenpaare auf. Darunter fallen auch die beiden Geschlechtschromosomen X und Y.

### Effektivität

Der züchterische Erfolg einer Kaninchenzucht basiert auf der Qualität der einzelnen Tiere, ihrer genetischen Ausstattung, der Zahl der geworfenen und letztendlich aufgezogenen Jungtiere. Der wirtschaftliche Erfolg basiert darauf, dass der züchterische Erfolg in einem guten Verhältnis zum eingesetzten Aufwand für Zuchttiere, Futtermittel, Pflege und anderen damit verbundenen Faktoren steht.

## Fruchtbarkeit, Hitzigkeit und Trächtigkeit

Die Paarungsbereitschaft wird durch den Geschlechtstrieb gesteuert. Es handelt sich dabei um einen hormonellen Vorgang, der vor allem durch die Tätigkeit der Geschlechtsdrüsen bewirkt wird. Bei Häsinnen spricht man auch von „Hitze“ oder „Brunst“, der Fachbegriff hier-

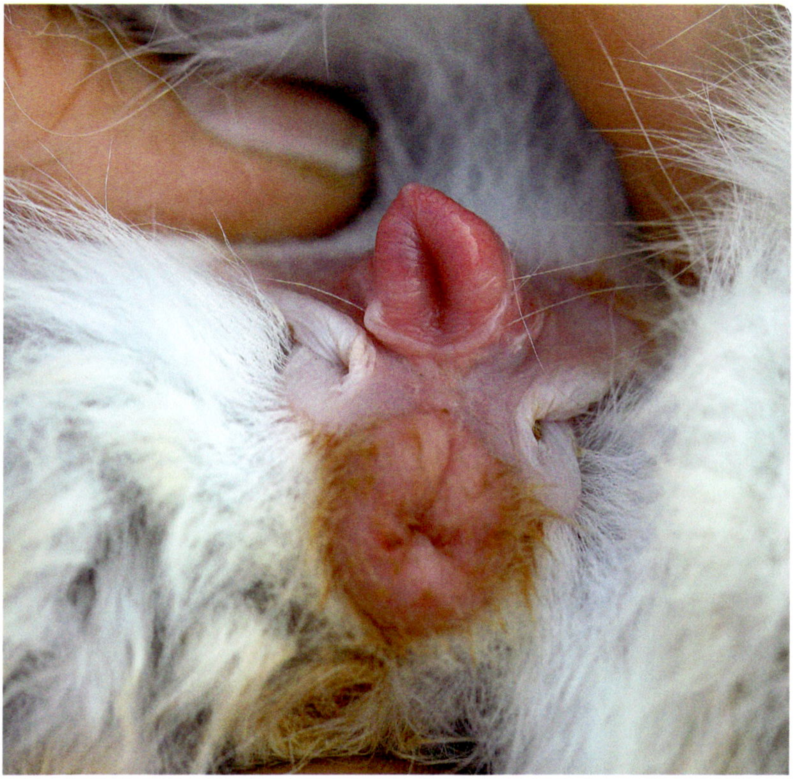

Der Zustand der Hitzigkeit einer Häsin lässt sich leicht am veränderten Aussehen ihrer äußeren Geschlechtsteile erkennen.

für lautet „Östrus". Kaninchen gehören zu den polyöstrischen Tieren, das heißt, sie haben mehrere fruchtbare Zyklen im Jahr, wobei die Phase der Hitzigkeit periodisch abläuft.

Bis heute behaupten einige Fachleute immer noch, das Kaninchen unterliege einer Dauerbrunst und nicht einem **Brunstzyklus**. Sicher erwiesen ist aber, dass die Hitze und auch die Zeitabstände zwischen den Phasen der Fortpflanzungsbereitschaft durch **Umweltfaktoren** beeinflusst werden, denn das Überleben der Nachkommen in der Natur wird nur durch dafür günstige Bedingungen gewährleistet. Dazu zählen vor allem die Verfügbarkeit von Futter, Temperatur, Lichtverhältnisse und Geruchswahrnehmungen.

Auch die Angaben über die Dauer der Hitze variieren, man spricht von einem Zeitraum von fünf bis 16 Tagen. Aus eigener Erfahrung würde ich die Dauer des Brunstzyklus eher im unteren angegebenen Bereich ansiedeln.

Die Hitze ist rein äußerlich daran zu erkennen, dass das Geschlechtsteil der Häsin angeschwollen und rötlich bis blaurötlich gefärbt ist und zwar durch die stärkere Durchblutung der Vulva. Oft sind die Tiere während der Brunst auch aggressiver und nervöser, zeigen Verhaltensweisen, die man mit menschlichen Worten als „Zickigkeit“ beschreiben könnte.

Man unterscheidet in der Tierzucht zwischen **Geschlechtsreife** und **Zuchtreife**. Die Geschlechtsreife zeigt an, dass ein Tier grundsätzlich paarungsbereit und somit grundsätzlich fruchtbar ist. Dies bedeutet aber noch nicht, dass es zu Beginn der Geschlechtsreife bereits sinnvoll ist, ein solches Tier bereits zur Zucht einzusetzen.

Der Zuchteinsatz sollte erst mit der Zuchtreife erfolgen, das heißt zu dem Zeitpunkt, an dem das Kaninchen körperlich vollständig entwickelt ist, eine entsprechend gute Kondition aufweist und somit die Grundvoraussetzung für einen erfolgreichen Trächtigkeitsverlauf vorliegt.

**Hinweis**

Verbindliche Zeitpunkte für die Geschlechts- und Zuchtreife bei den einzelnen Kaninchenrassen gibt es aber nicht. Grundsätzlich sollten die Häsinnen vor dem Zuchteinsatz in guter körperlicher Verfassung, aber nicht überfettet sein. Eine körperliche Überfettung betrifft auch die Gebärmutter und kann zu Fruchtbarkeitsstörungen führen.

### Verpaarung und Befruchtung

Eine Verpaarung ist nur dann sinnvoll, wenn die Häsin auch wirklich hitzig ist. Neben den äußerlichen Anzeichen und dem erkennbar veränderten Verhalten der Häsin lässt sich die **Deckwilligkeit** auch dadurch feststellen, dass die Häsin beim Befühlen der Beckenpartie diese bereitwillig, nebst ihrer Blume, leicht anhebt.

Bei Rammlern sind, anders als bei Häsinnen, die Umwelteinflüsse für die Paarungsbereitschaft und -fähigkeit von untergeordneter Bedeutung. Hier übernehmen die Hormone die ausschlaggebende Rolle für die **Deckbereitschaft** (Libido). Durch die Sexualduftstoffe, die Pheromone, der weiblichen Tiere werden die Vatertiere letztendlich erregt und zur Paarung veranlasst.

**Tab. 6** Richtwerte für die Geschlechts- und Zuchtreife von Kaninchen

| | Geschlechtsreife | Zuchtreife |
|---|---|---|
| Hybridkaninchen | 3-4 Monate | 4-5 Monate |
| Große Rassen | 7-8 Monate | 8-10 Monate |
| Mittlere Rassen | 4-5 Monate | 6-8 Monate |
| Kleine Rassen | 3-4 Monate | 6-8 Monate |
| Zwergrassen | 3-4 Monate | 5-6 Monate |

Rammler und Häsin beim Deckakt.

**Tipp**
Man sollte generell immer die Häsin in den Stall des Rammlers setzen, damit dieser sich mit seiner Aufmerksamkeit ganz auf sie konzentrieren kann. Setzte man ihn zur Häsin, würde er durch die vielfältigen Gerüche im Häsinnenstall eher irritiert. Zudem wird die Häsin im Rammlerstall durch die männlichen Gerüche ebenfalls sexuell stimuliert.

Bei einer paarungswilligen Häsin und einem deckfreudigen Rammler erfolgt der Aufsprung meistens recht rasch, manchmal schon nach wenigen Sekunden. Um den Vorgang zu unterstützen, kann man die Häsin auch leicht mit den Händen fixieren, sodass der Rammler besser aufspringen kann. Beim **Deckakt** hebt die Häsin ihre Hinterpartie mit dem aufsitzenden Rammler an. Danach lässt sich das Vatertier meist zur Seite fallen und verbleibt noch einige Sekunden, umklammert an die Häsin, liegen. Manche Tiere geben dabei knurrende Laute von sich.

**Hinweis**
Niemals sollte man die Tiere zum Deckakt zwingen. Sie werden dadurch in ihrem natürlichen Verhalten gestört und eine Befruchtung bleibt in dem Fall meistens aus.

Bereits der Aufsprung des Rammlers regt bei der Häsin die Endreifung der Follikel (Eibläschen) im Eierstock und schließlich die Einleitung des Eisprunges (Ovulation) an. Man spricht hier von einer **provozierten Ovulation**. Die reifen Eier werden vom Eierstock aber erst etwa sechs bis zehn Stunden nach dem Deckakt abgestoßen und zwei bis vier Stunden später befruchtet. Im Normalfall gelangen Millionen von Spermien in die Eileiter der Häsin. Sie können dort rund 25 bis 30 Stunden überleben, sodass die Zeit ausreicht, um die Eizellen zu befruchten. Für den Verschmelzungsprozess zwischen Ei und Same genügen einige tausend Spermien, für die eigentliche Befruchtung einer Eizelle reicht ein einziges Samenfädchen, sodass zweite Bedeckungen, **Doppelsprünge**, wie sie vielfach in der Praxis gang und gäbe sind, den Rammler unnötig belasten. Sinnvoller ist ein **Nachdecken** rund 24 Stunden nach dem ersten Deckakt. Sollte der erfolglos geblieben sein, besteht dann eine erneute Chance der Befruchtung.

**Wichtig**

Grundsätzlich sollte ein Zuchtrammler möglichst nicht mehr als zwei bis drei Deckakte pro Tag und fünf bis sechs pro Woche vollziehen. Dann sollte ihm auch durchaus eine einwöchige Ruhepause zu Gute kommen, um einer zu großen Belastung entgegenzuwirken. Dagegen können sich aber monatelange Deckpausen nachteilig auf Decklust und Spermaqualität eines Rammlers auswirken.

### Trächtigkeitsdiagnose

In meiner Zuchtpraxis habe ich gute Erfahrungen damit gemacht, die Häsin etwa zehn bis maximal 14 Tagen nach dem ersten Deckakt erneut zum Rammler zu geben. Mit relativ hoher Wahrscheinlichkeit, aber nicht mit Sicherheit kann man so feststellen, ob die Häsin aufgenommen hat oder erneut hitzig ist oder wird. Reagiert die Häsin aggressiv und weist den Rammler ab, kann man davon ausgehen, dass sie trächtig ist. In Ausnahmefällen lässt sich jedoch auch eine bereits trächtige Häsin erneut belegen.

Weiterhin besteht kurze Zeit später, rund 14 bis 18 Tage nach dem Deckakt, die Möglichkeit, die Embryonen im Mutterleib zu ertasten. Um diese dabei nicht zu verletzen, bedarf dieses Betasten (**Palpation**) allerdings viel Erfahrung und Übung. Aber es gibt eine äußerst sichere Prognose für eine bestehende Trächtigkeit und kann für den Fall, dass das Tier nicht trächtig ist, viel unnötige Wartezeit bis zum voraussichtlichen Wurftermin ersparen.

Auch Häsinnen, die sich bereits 14 Tage nach dem Belegen Fellhaar rupfen und mit dem Nestbau beginnen, sind meist nicht trächtig. Bei dieser hormonellen Fehlreaktion sprechen wir von **Scheinträchtigkeit**. Häsinnen hingegen, die schon innerhalb der ersten Woche nach dem Belegen ihren Stall durchwühlen, haben meist aufgenommen.

### Phasen der Trächtigkeit

Der Verlauf der Trächtigkeit, die meist 30 bis 32 Tage dauert, kann in verschieden Phasen unterteilt werden. Bereits rund 24 Stunden nach dem Deckakt finden die ersten Zellteilungen statt. Nach etwa einer Woche setzen sich die Embryonen an der Uterusschleimhaut fest.

Die Versorgung der Föten erfolgt nun durch die **Plazenta** (Mutterkuchen), durch die eine Verbindung der Fruchthäute mit der Gebärmutter hergestellt wird. Nach etwa zwei Wochen sind bereits alle Organe der Jungen vollständig ausgebildet. Damit endet die **embryonale Phase**.

Die **fötale Phase** beginnt und in dieser entwickeln sich die Organfunktionen der Ungeborenen. Erst ab der vierten Woche, also im letzten Viertel der Trächtigkeit, erfolgt eine starke Größen- und Gewichtszunahme der Föten, welche den Stoffwechsel der Häsin stark beeinflussen.

### Vorbereitungen für die Geburt

Ab der vierten Trächtigkeitswoche gilt es für den Züchter in Haltung und Fütterung der hochtragenden Häsin Verschiedenes zu berücksichtigen:

- Besonders wichtig ist, dass man die Häsin im letzten Abschnitt der Trächtigkeit sehr energie- und eiweißreich füttert. Um dem gestiegenen Mineralstoffbedarf vor dem Werfen in jedem Fall nachzukommen, empfehle ich die Zugabe von „Vilomuk“ über das Trinkwasser.
- Rund eine Woche vor dem errechneten Wurftermin sollte man das Muttertier in eine ausreichend große und zuvor gereinigte Stallbucht geben. Hierzu eignen sich auch Doppelbuchten gut, denn sie bieten genügend Platz.
- Für reichlich Einstreu muss gesorgt sein, besonders eignet sich hierfür Weizenstroh, welches die Häsin als Nestbaumaterial verwendet. In Ställen ohne Einstreu, beispielsweise bei Stanzgitterböden, gibt man eine Wurfkiste mit entsprechendem Baumaterial in den Stall.
- Es sollte unbedingt darauf geachtet werden, dass die werdende Mutter in den Tagen vor dem Werfen zur Ruhe kommt und keinem unnötigen Stress ausgesetzt wird.

**Tipp**

Viele Häsinnen, die kurz vor dem Werfen stehen, lieben es, wenn man ihnen einen Teil der Bucht beispielsweise durch das Vorhängen einer Decke verdunkelt. So fühlen sie sich weniger beobachtet, ähnlich wie die Wildkaninchen in ihrer Wurfhöhle im Bau.

## Geburt und Wurfkontrolle

Je nach Wurfstärke kann die **Dauer der Trächtigkeit** leicht variieren. Große Würfe werden meist eher kürzer und Würfe mit wenigen Jungtieren eher länger getragen. Trägt die Häsin nur eines oder zwei Junge, werden diese oft auch „übertragen". Durch ihre Übergröße versterben solche Jungen meist während der Geburt, weil sie nicht mehr durch den Geburtskanal passen.

Die eigentlichen **Geburtsvorbereitungen** der Häsinnen beginnen erfahrungsgemäß rund ein bis drei Tage vor dem Werfen. Auch hier gibt es natürlich Ausnahmen. Die hochtragenden Tiere beginnen damit, **Nestbaumaterial** zu sammeln, es zu zerkleinern und in einer

Von der Häsin vor der Geburt gut mit Fellhaaren gepostertes Nest.

Während der Wehen nimmt die Häsin eine gekrümmte Haltung ein.

Stallecke anzuhäufen. Manche Häsinnen bauen regelrechte Höhlen aus Stroh, andere nur kleine Mulden. Das **Rupfen** des eigenen **Fellhaares**, mit dem die Häsin das Nest auspolstert, setzt meist unmittelbar vor der Geburt, manchmal erst danach ein. Hormonell bedingt lockert sich kurz vor dem Werfen der Haarsitz.

Eine **geringere Nahrungsaufnahme** ist häufig ein Anzeichen für die kurz bevorstehende Geburt. Oft sind die Häsinnen vor dem Werfen sehr nervös und unruhig, dies gilt besonders für solche, die zum ersten Mal werfen. Daher sollte man die werdenden Mütter unmittelbar vor und während der Niederkunft nicht unnötig stören. Relativ häufig gebären Kaninchen ihre Jungen nachts oder in den Dämmerstunden.

Beim Geburtsvorgang selbst setzen sich die Häsinnen meist gekrümmt über das vorbereitete Nest, sodass sie mit Ihrem Kopf bis an die Geschlechtsgegend herankommen können. Ausgetrieben werden die Jungtiere durch kurz hintereinander folgende **Wehen**. In dieser Körperhaltung ist es der Häsin möglich, die Neugeborenen direkt nach dem Austreten abzunabeln und trocken zu lecken. Der eigentliche Geburtsvorgang läuft, sofern es keine Komplikationen gibt, recht rasch ab und dauert für den ganzen Wurf etwa zehn bis 15 Minuten.

**Hinweis**

Die Wurfstärke kann sehr unterschiedlich sein und ist stark rasse- und altersabhängig. Sie schwankt von einem und bis über zwanzig Jungtiere. Dabei werfen große Rassen in der Regel deutlich mehr Junge als kleine oder Zwergrassen. Bei älteren Zuchthäsinnen nehmen die Jungtierzahlen pro Wurf bekannterweise ab.

An den pigmentierten Hautpartien kann man bei neugeborenen, noch nackten Kaninchen schon erkennen, dass es Schecken sind.

Das **Einschießen der Milch** wird durch das Hormon Oxytocin (Oxitozin) verursacht. Dieses ist auch für die Wehentätigkeit verantwortlich. Deshalb ist bei den Vorwehen oft schon das Gesäuge geschwollen. Der Milcheinschuss wird also nicht, wie irrtümlich oft angenommen durch das **Fressen der Nachgeburt** ausgelöst. Durch das Fressen der Nachgeburten wird die Häsin allerdings mit vielen Nährstoffen versorgt, die sie sofort für die Milchbildung braucht, außerdem dient es der Hygiene im Nest.

Häsinnen besitzen meist acht Zitzen, in selten Fällen sogar bis zu zwölf. Unmittelbar nach der Geburt erfolgt dann das erste Säugen der Neugeborenen. Die **Erstlingsmilch**, auch **Kolostrum** oder **Biestmilch** genannt, ist besonders wichtig, da sie Antikörper enthält, die die Jungen in der ersten Lebensphase vor Infektionen schützen, bevor ihr eigenes Immunsystem zu arbeiten beginnt.

Es ist zu beobachten, dass bei manchen Häsinnen der intensive **Milchfluss** erst nach rund drei Tagen eintritt. Die **Säugdauer** selbst beträgt zumeist nur rund zwei bis drei Minuten, wobei die meisten Muttertiere nur einmal täglich säugen und dies bevorzugt in den Dämmerstunden. Kaninchenmilch ist äußerst fettreich und versorgt die Jungen mit genügend Energie für ihre Entwicklung, trotz dieser langen Pausen.

### Aufgaben des Züchters

Bei der ersten **Nestkontrolle**, die möglichst bald nach der Geburt stattfinden sollte, kann sich der Züchter über vielerlei Dinge informieren. Das durchschnittliche Geburtsgewicht der Jungen liegt bei Kleinen Rassen unter 50 Gramm, bei Mittleren Rassen bei 50 bis 60 Gramm und bei Großen Rassen über 70 Gramm. Aber auch durch Kannibalismus, Unterkühlung und Infektionen versterben recht viele Neugeborene.

**Wichtig**

Kannibalismus, das Anfressen und Auffressen der eigenen Jungtiere, ist häufig ein Anzeichen für Flüssigkeitsmangel bei der Mutter, also von Durst. Daher sollte den Häsinnen immer ausreichend Wasser zur Verfügung stehen.

Tote Jungtiere müssen schon aus hygienischen Gründen selbstverständlich unverzüglich entfernt werden. Unterkühlte Jungtiere hingegen kann man oft durch sanftes Aufwärmen noch retten und später wieder zurück in das Nest geben.

Durchschnittliche Geburtsverluste bei Kaninchen bis zu 10% der Neugeborenen sind als normal anzusehen. Zu kleine und zu große Jungtiere haben meist keine Überlebenschancen.

Vier kerngesunde Jungtiere, die bereits ihr Fell bekommen.

**Tipp**
Bei Würfen, in denen deutlich mehr Jungtiere als Zitzen vorhanden sind und das Risiko besteht, dass man das ein oder andere Jungtier nicht durchbekommt, kann es nötig sein, solche Junge in ihren ersten Lebenstagen einer Ammenhäsin unterzulegen. Dies ist bei Kaninchen durch die nicht vorhandene Mutter-Kind-Bindung meist problemlos möglich.

**Wurfkontrollen – wie oft?**
Über die Notwendigkeit von täglichen Wurfkontrollen streitet sich die Fachwelt. Meiner Meinung nach sollte man sie zumindest in den ersten drei bis fünf Tagen nach dem Werfen täglich durchführen. In diesem Zeitraum treten erfahrungsgemäß die größten Jungtierverluste bei den noch nackten oder nur dünn behaarten Jungen auf.

Anschließend bis zum Verlassen des Nestes durch die Jungen genügen regelmäßige Abstände von maximal zwei bis drei Tagen. Wichtig sind sie vor allem zwischen dem neunten und zwölften Tag zur Kontrolle der **Augenöffnung**.

Natürlich sollten diese **Nestkontrollen** vor allem auch in Abhängigkeit von der Witterung gemacht werden, denn bei warmen Temperaturen ist beispielsweise die Gefahr einer **Unterkühlung** der Jungtiere eher gering. Andere Risiken wie **feuchte Nester**, schlecht oder nicht gesäugte Jungtiere können bei den Kontrollen rechtzeitig erkannt werden. So sollten die Jungen stets **pralle Bäuche** haben und ruhig in ihrem Nest liegen. Unruhige und quiekende Jungtiere sind ein Zeichen dafür, dass etwas nicht in Ordnung ist.

**Augen auf**
Je nach Rasse kann es bis zu 14 Tagen dauern, bis die Jungkaninchen die Augen öffnen. Normalerweise sind sie am zwölften Tag nach der Geburt offen.

#### Komplikationen

Leider „missglückt“ hin und wieder einmal eine Geburt bei Kaninchen, man spricht dann von **Verwerfen**. Oft baut die Häsin erst gar kein Nest und verstreut ihre Jungen im gesamten Stall.

Das Verwerfen kann verschiedene **Ursachen** haben, zum Beispiel fehlender Mutter- oder Nestinstinkt oder Unregelmäßigkeiten beim Geburtsvorgang selbst. Zu starke Schmerzen oder Geburtsstockungen führen häufig zu Irritationen und somit zu einem Fehlverhalten der Häsin. Auch Störungen durch Menschen oder andere Tiere beeinflussen die Häsin möglicherweise ungünstig während dieser äußerst sensiblen Phase.

### Absetzen der Jungtiere

Die meisten Jungen verlassen im Alter von 18 bis 20 Tagen erstmals das Nest und beginnen mit der Aufnahme **fester Nahrung**. Dementsprechend verläuft auch die der **Säugephase** der Mutter. Die Milchleistung erreicht mit dem 18. bis 23. Tag nach dem Werfen ihren Höhepunkt und nimmt dann stetig ab. In entsprechend ansteigendem Maße tritt die feste Nahrung an die Stelle der Muttermilch.

In der Regel setzt man die Jungtiere in der Rassekaninchenzucht zwischen der sechsten und achten Woche von der Mutter ab. Doch über den bestmöglichen **Absetzzeitpunkt** herrscht unter den Rassekaninchenzüchtern eine gewisse Uneinigkeit. Einige setzen schon früher, im Alter von vier bis fünf Wochen, andere erst mit mehr als zehn Wochen ab.

In Bezug auf die Verfügbarkeit von Muttermilch hat ein Absetzen der Jungen nach der sechsten Lebenswoche wenig Sinn, weil die Milchleistung der Häsin dann sowieso nur noch sehr gering ist. Ich habe die besten Erfahrungen damit gemacht, die Jungtiere je nach ihrem individuellen Entwicklungsstand nach rund vier bis fünf Lebenswochen abzusetzen.

#### Trennen von der Mutter

Am wenigsten Stress entsteht dabei, wenn man die Jungtiere **schrittweise** absetzt. Zunächst nehme ich nur das Muttertier aus dem Aufzuchtstall und belasse die Jungtiere noch zusammen in gewohnter Umgebung. Erst etwa ein bis zwei Wochen später setze ich die Jungtiere, zunächst paarweise und später vereinzelt, in ihre neuen Buchten.

Die Entwöhnung, die ein bedeutender Eingriff in das junge und noch anfällige Kaninchenleben darstellt, verläuft weit weniger belastend, weil die Tiere noch eine Weile miteinander in ihrem gewohnten Stallklima verweilen können. Die Trennung von Umgebung und Geschwistern erfolgt erst in weiteren Schritten. Auf diese Weise kann Wachstumsstörungen und Krankheiten vorgebeugt werden.

Diese beiden jungen Sachsengold-Kaninchen sind schon von ihrer Mutter getrennt, aber sie bleiben noch eine Zeitlang paarweise in ihrer neuen Bucht.

**Fütterung**

Die Fütterung bei der Jungtieraufzucht ist nicht ganz einfach. Bis nach Ende der dritten Lebenswoche, also im Prinzip solange, wie die Jungtiere noch keine feste Nahrung zu sich nehmen, sollte die **Häsin** sehr energie- und eiweißreich gefüttert werden.

Um Aufzuchtsverluste zu verringern, sollte dann aber bis zur siebten Lebenswoche der **Jungen** ein möglichst eiweiß- und energieträgerarmes Futter genügen. Zur Gesunderhaltung der Heranwachsenden reicht man ihnen ein sehr rohfaserreiches Futter, weil es für sie wesentlich besser verdaulich ist.

**Nach dem Absetzen** frühestens etwa nach der siebten bis achten Woche, wenn der Verdauungsapparat der Jungtiere besser entwickelt ist, können Eiweiß- und Energiebestandteile des Futters wieder gesteigert und somit das Wachstum der Jungen beschleunigt werden.

**Stallklima**

Neben der richtigen Fütterung sind gerade bei Jungtieren ein förderliches Stallklima und gute hygienische Voraussetzungen wichtig. Somit müssen vor allem auf eine **gute Belüftung**, also niedrige

Frisches Grün, Luft und Sonne bieten die besten Voraussetzungen für ein gesundes Aufwachsen, so wie es diese vitalen Jungtiere beim „Weidegang" beweisen.

Schadgaskonzentration, und auf eine Luftfeuchtigkeit sowie Temperatur innerhalb der Toleranzwerte geachtet werden. Ein weiterer unentbehrlicher Faktor für die Entwicklung der Kaninchen ist das Licht. Am günstigsten auf die Gesunderhaltung und Vitalität der Tiere wirkt sich das **Sonnenlicht** aus, durch welches Vitamin D gebildet wird.

## Kennzeichnung

Alle Rassekaninchenzüchter, die aufgrund Ihrer Vereinszugehörigkeit im Rahmen des ZDRK (Zentralverband Deutscher Rassekaninchenzüchter) Kaninchen züchten und diese ausstellen möchten, sind verpflichtet, ihre Kaninchen nach den verbindlichen Vorschriften des ZDRK und den Bestimmungen der Landesverbände kennzeichnen zu lassen.

**Wichtig**

Die ordnungsgemäße Kennzeichnung der Rassekaninchen bildet die Grundlage für eine geplante Zucht. Wer Würfe zusammenlegt oder absichtlich unrichtige Angaben auf einem Deckschein macht, betrügt nicht nur seine Zuchtfreunde, sondern auch sich selbst!

Die schwarze Farbe im Ohr zeigt es: Jungtier unmittelbar nach seiner Kennzeichnung.

Die Kennzeichnung dient in erster Linie dazu, dem einzelnen Kaninchen ein **unabänderliches Unterscheidungsmerkmal** zu geben. Durch die Tätowierung in den beiden Ohren kann das Tier dann eindeutig bestimmt und somit ordnungsgemäß ins Zuchtbuch eingetragen werden. Dabei werden das rechte Ohr mit der Vereinskennzahl oder in manchen Landesverbänden mit einem Clubkennzeichen und das linke Ohr mit der Zuchtbuchnummer versehen.

Nach den **Richtlinien des ZDRK** dürfen nur reinrassige Kaninchen, Neuzüchtungen, Nachzuchten und Kreuzungen nach besonderen Bestimmungen gekennzeichnet werden. Überdies müssen die Elterntiere der zu tätowierenden Jungtiere selbst auch gekennzeichnet sein.

### Bedeutung der Zeichen

Jeder Kaninchenzuchtverein besitzt eine Vereinskennzahl, die aus dem Kürzel des Landesverbandes, zum Beispiel „R" für Rheinland oder „RN" für Rheinland-Nassau, und aus einer individuellen Vereinsnummer innerhalb des Landesverbandes besteht. Somit kann das Kaninchen genau einem bestimmten Verein zugeordnet werden, so steht beispielsweise „R 16" für den Kaninchenzuchtverein Arnoldsweiler. Weiterhin müssen Neuzüchtungen mit einem „N" und Kreuzungen mit einem „K“ vor dem Vereinskennzeichen im rechten Ohr tätowiert werden. Die Tiere eines Jungzüchters werden mit einem „J“ hinter dem Vereinskürzel gekennzeichnet. Die Kaninchen von Jungzüchtern aus dem Landesverband Rheinland erhalten somit also ein „RJ“ in das rechte Ohr.

Die Kennzeichnung im linken Ohr setzt sich wie folgt zusammen: An erster Stelle steht die Zahl des Geburtsmonats, „1“ bis „9“ für Januar bis September und die „0“ für die Monate Oktober bis Dezember. An zweiter Stelle steht die letzte Zahl des Zuchtjahres, zum Beispiel die „7“ für 2007, zuletzt folgt die fortlaufende Zuchtbuchnummer.

### Zuchtbuchmeldung

Grundlage für die Kennzeichnung sind die Zuchtmeldungen, oft auch Deckscheine genannt. Als Deckschein gilt nur das offizielle vom ZDRK anerkannte Zuchtmeldeformular. Alternativ gibt es auch genehmigte Softwareformulare, welche man zu diesem Zweck verwenden darf.

Anhand dieser Zuchtmeldungen werden die jeweiligen Würfe beim Zuchtbuchführer angemeldet. Der Deckschein dient dann als Dokument zur Eintragung der Würfe in das Vereinszuchtbuch. Ein **Deckschein** ist immer vom **Rammlerbesitzer** auszustellen und auch von ihm zu unterzeichnen. Als Züchter gilt dabei immer derjenige, der zum Zeitpunkt des Deckaktes **Besitzer der Häsin** ist.

Zunächst werden die Elterntiere des zu kennzeichnenden Wurfes mit Rassebezeichnung, Tätowiernummern und Besitzername in die Zuchtmeldung eingetragen. Es folgen Deckdatum, Wurfdatum und die Daten zum Wurfergebnis. Hierzu zählen die Zahl der geworfenen Jungtiere, die Zahl der Totgeburten und die Zahl der tatsächlich zur Kennzeichnung kommenden Tiere. Anschließend werden die Jungtiere des Wurfes einzeln nach Geschlechtern getrennt aufgeführt. Generell werden dabei zuerst die männlichen und dann die weiblichen Jungtiere in den Deckschein eingetragen (siehe Seite 79).

Nachdem der Deckschein vollständig und vor allem wahrheitsgemäß ausgefüllt wurde, wird dieser an den Vereinzuchtbuchführer weitergeleitet. Der Vereinszuchtbuchführer übernimmt jetzt die

#### Wichtig

Eine Kennzeichnung ohne vorhergehende Vergabe der Zuchtbuchnummern ist nicht zulässig. Der Tätowiermeister ist dazu berechtigt, Irrtümer beim Geschlecht der Jungtiere auf dem Deckschein zu korrigieren. Die Reihenfolge der aufgeführten Tiere ist dabei entsprechend zu ändern. Nach erfolgter Kennzeichnung unterzeichnet auch der Tätowiermeister die Zuchtmeldung, um sie an den Zuchtbuchführer zur abschließenden Bearbeitung zurückzugeben.

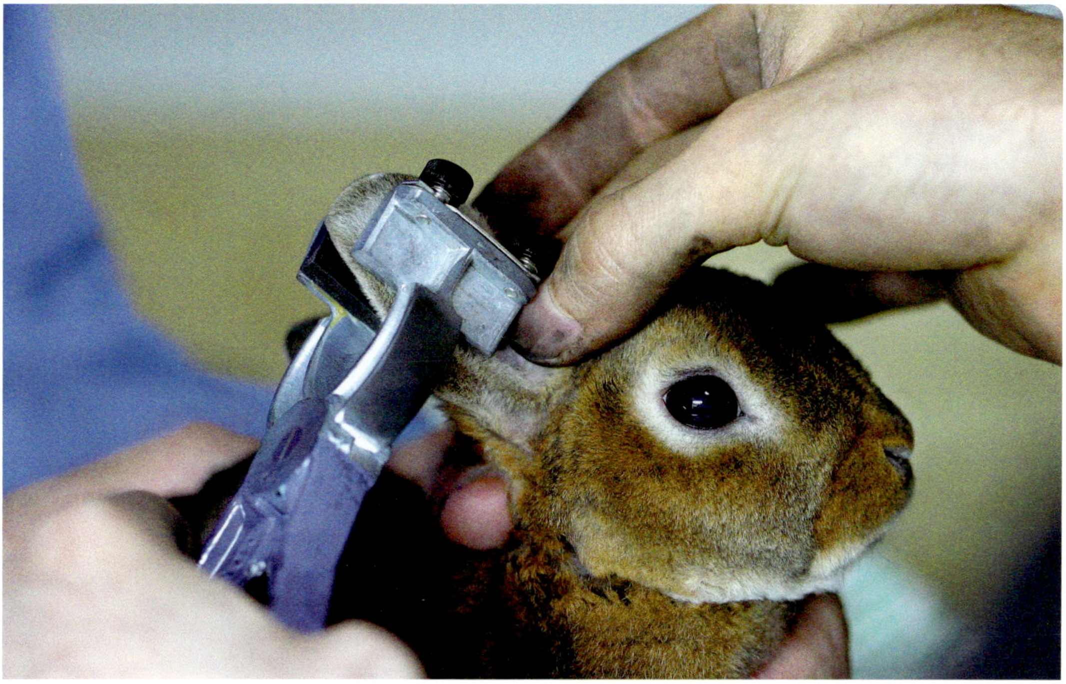

Dieses Kaninchen wird mit der sogenannten Längszange gekennzeichnet.

Daten aus der Zuchtmeldung in das Vereinszuchtbuch. Weiterhin fügt er den im Deckschein aufgeführten Jungtieren ihre zu vergebende laufende **Tätowiernummer**, die **Zuchtbuchnummer**, hinzu und bestätigt die Richtigkeit mit seiner Unterschrift.

Anschließend erfolgt die Weitergabe der Zuchtmeldungen an den Tätowiermeister zur Kennzeichnung der Tiere nach den vorgegebenen Angaben.

### Ablauf der Kennzeichnung

Die Kennzeichnung der Tiere wird durch einen von den Vereinsmitgliedern gewählten, sogenannten Tätowiermeister vorgenommen. Dabei darf diese Person laut ZDRK-Richtlinien nicht zugleich Vereinszuchtbuchführer sein.

Die Anmeldung der zu tätowierenden Würfe hat innerhalb von sechs Wochen nach der Geburt der Tiere anhand des Deckscheines beim Zuchtbuchführer zu erfolgen. Theoretisch wäre der Zuchtbuchführer bei einer Fristversäumnis dazu berechtigt, die Zuchtbucheintragung und Kennzeichnung der Jungtiere zu verweigern. Dies gilt gleichermaßen für nicht ordnungsgemäße Zuchtmeldungen.

Als späteste **Kennzeichnungsfrist** gilt ein Alter von drei Monaten, in Ausnahmefällen kann dieses jedoch nach vorheriger Absprache mit dem Zuchtbuchführer überschritten werden.

**Hinweis**
Laut ZDRK Vorschriften sollte sich das Muttertier zum Zeitpunkt der Tätowierung noch bei den Jungen befinden. Dies ist in der Praxis oft nicht durchführbar, weil oft aus Zeit- und Kostengründen die Kennzeichnung der Jungtiere mehrerer Züchter eines Vereins zusammengelegt wird oder die Jungtiere zum Zeitpunkt der Kennzeichnung bereits ihres Alters wegen abgesetzt werden mussten.

### Werkzeug und Hygiene

Vielfach vernachlässigt und gerade in den Zeiten von Krankheiten wie Enterocolitis und ansteckendem Kaninchenschnupfen von besonderer Bedeutung ist ein **keimfreies Tätowierwerkzeug**. Dies lässt sich ohne großen Kosten- und Zeitaufwand leicht mit einem geeigneten Desinfektionsmittel bewerkstelligen. Wirksame und auch zum Teil recht preisgünstige Produkte findet man sowohl im Fachhandel als auch inzwischen bei fast allen Discountmärkten. Bei diesen Desinfektionssprays handelt es sich meist um alkoholische Schnelldesinfektionsmittel, mit denen man Keime, Viren, Bakterien und Pilze rasch abtöten kann.

Im Zuchtbedarfshandel gibt es eine Vielzahl verschiedener Anbieter für zweckmäßige **Tätowierzangen**. Man unterscheidet zwischen Längs- und Querzangen, das heißt nach der Art und Weise, wie die Zange am Ohr angesetzt wird. Auch gibt es unterschiedliche Größen,

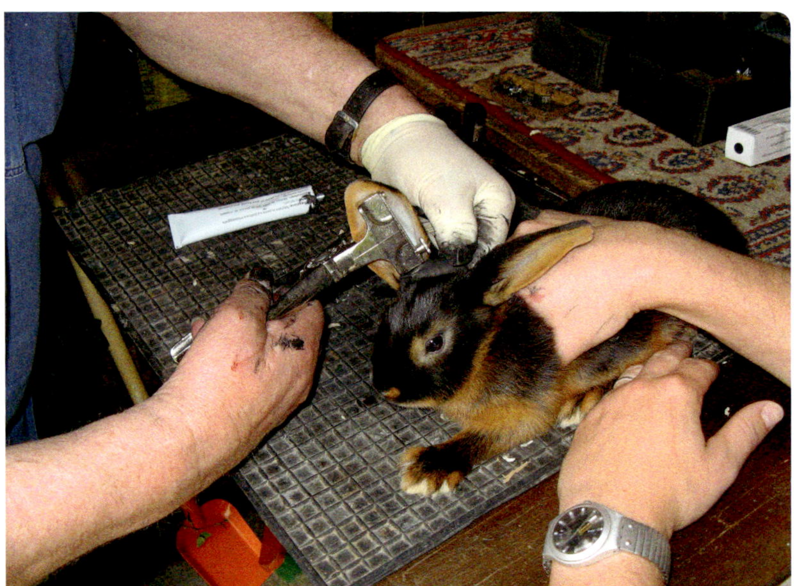

Ein Tätowiermeister bei der Arbeit.

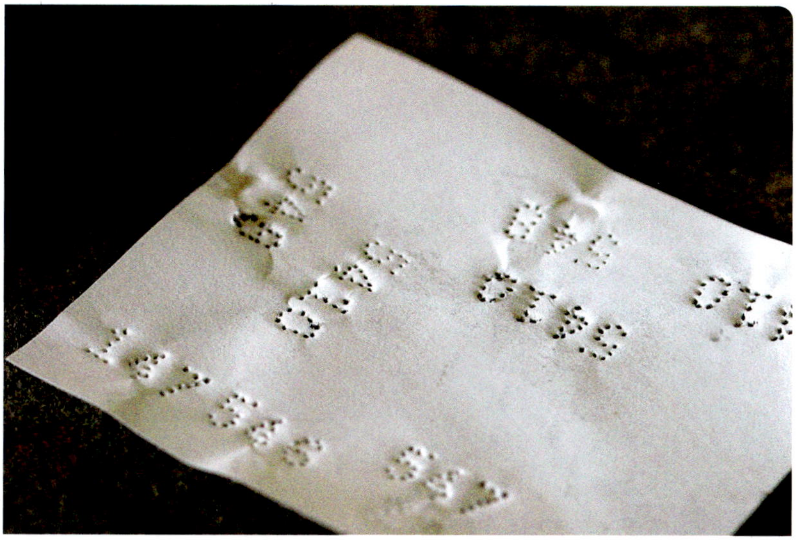

Der Probeabdruck auf Papier zeigt, ob die Zahlen und Buchstaben der Zange korrekt eingerichtet sind. Am Kaninchenohr eingeprägt, ist es zu spät für Korrekturen.

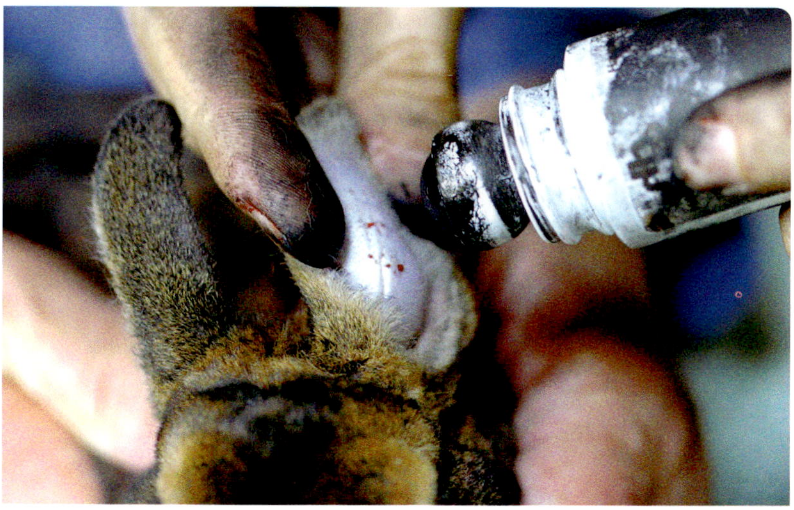

Auf das frisch tätowierte Ohr wird mit einem Tätowierroller die Farbe aufgetragen und anschließend einmassiert.

so verwendet man für Zwergrassen meist Zangen für 5-mm-Ziffern, für alle übrigen Rassen sind 7 mm große Zahlen besser geeignet. Wichtig dabei ist, dass die Tätowierung langfristig gesehen und jederzeit gut und deutlich lesbar ist.

Aber nicht nur das richtige Tätowierbesteck, sondern auch das Geschick und die Aufmerksamkeit des Tätowiermeisters sind bei der Kennzeichnung gefragt. Jegliche Ablenkung sollte prinzipiell vermieden werden. Das fehlerfreie Einrichten der Zange anhand der Vorgaben erfordert besondere Konzentration. Um sicherzugehen, sollte man vorab einen Probeabdruck auf Papier vornehmen.

Bei der Tätowierung sollte das Kaninchen von einer zweiten Person auf einer rutschfesten Unterlage fixiert werden, während der Tätowiermeister die Kennzeichnung der beiden Ohren vornimmt. Dabei sollte man die großen Adern möglichst nicht verletzen.

Anschließend werden die vielen einzelnen, kleinen Einstichlöcher mit der **Tätowierpaste** oder einem Tätowierroller bestrichen und die Farbe einmassiert. Die meist schwarze, manchmal auch grüne Paste dient neben der Farbwirkung auch zur Vermeidung von Infektionen. Die Farbe wächst dann später in die Vernarbung mit ein und die eintätowierten Zahlen bleiben dauerhaft sichtbar. Die überschüssige Farbe auf der Haut verliert sich mit der Zeit, unter anderem durch das gegenseitige Putzen der Tiere.

### Nachtätowierungen

Das Tätowieren sollte von Anfang an achtsam durchgeführt werden, denn laut Richtlinien des ZDRK ist das **Nachtätowieren** grundsätzlich nicht erlaubt. Ausnahmen gibt es sinnigerweise auch hier: Bei versehentlich doppelt vergebenen Zuchtbuchnummern kann zur Unterscheidung der beiden Tiere eine Null am Ende der Ziffern hinzugefügt werden, bei unterschiedlichen Geschlechtern ist die Null bei der Häsin zu vergeben. Lautet die Tätowierung also bei beiden Tieren 1.7.12, so wird einem Tier die Null hinzugefügt: 1.7.120. Außerdem ist sicherzustellen, dass die geänderte Tätowierung bei der gleichen Rasse später nicht noch einmal vergeben wird. Eine weitere Ausnahmeregelung gilt für an den Ohren vertauschte Tätowierungen, auf den Kopf gestellte Ziffern und für vertauschte Monats- und Jahreszahlen.

Fehl- und Nachtätowierungen sind im Vereinzuchtbuch zu vermerken. Die Vorgehensweise dabei wird im Standard und in den Allgemeinen Ausstellungsbestimmungen (AAB § 4) näher erläutert. Kaninchen mit Fehl- oder Nachtätowierungen sind nur dann zur **Bewertung** zugelassen, wenn dem Preisrichter eine entsprechende **Bescheinigung** des Vereins vorliegt. Diese muss sowohl vom Zuchtbuchführer als auch vom Vereinsvorsitzenden unterzeichnet sein. Dabei ist natürlich darauf zu achten, dass der Name des Züchters auf dieser Bescheinigung nicht mit vermerkt wurde, damit die Anonymität der Herkunft des Tieres beim Richten gewahrt bleibt. Tiere mit fehlender, unvollständiger, nicht lesbarer oder doppelter Tätowierung bleiben generell ohne Bewertung (o.B.).

### Was man sonst noch wissen sollte

- Bei spalterbigen Rassen wie beispielsweise Holländer-, Marderkaninchen und anderen sind auch die fehlfarbenen oder andersfarbigen Tiere zu kennzeichnen, selbst wenn diese nicht ausstellungsfähig sind. Eine Weiterzucht mit solchen Tieren wäre sonst nicht möglich.

- Gehört ein Züchter mehreren Vereinen an, so ist es ihm grundsätzlich freigestellt, mit welcher Vereinstätowierung er seine Tiere kennzeichnen lässt. Ein Wechsel des für eine Rasse zu Jahresbeginn gewählten Vereinskennzeichens im Laufe des Zuchtjahres ist allerdings unzulässig.
- Wer die Kosten für die Kennzeichnung (Tätowiergeräte, Tätowierpaste etc.) trägt, kann in jedem Verein individuell geregelt werden.
- Es ist nicht gestattet, nur einzelne Tiere aus einem Wurf zu kennzeichnen.
- Von einer Amme aufgezogene Jungtiere dürfen auch nur dann gekennzeichnet werden, wenn diese eindeutig durch vorhergehende Kennzeichnung zum Beispiel durch Markierung mit wasserfestem Stift von den eigenen Jungtieren der Häsin unterschieden werden können. Das Unterlegen ist durch einen Zeugen zu bestätigen. In die Zuchtmeldung für die Kaninchenwaisen sind selbstverständlich die leiblichen Elterntiere einzutragen.
- Verkauft man eine belegte Häsin oder eine Häsin mit ihrem Wurf, welcher noch nicht tätowiert worden ist, so ist eine Kennzeichnung durch den Käufer möglich. Dabei gilt als Züchter aber immer derjenige, der zum Zeitpunkt der Belegung der Besitzer der Häsin war. Dies ist entsprechend im Vereinszuchtbuch zu vermerken.

**Tierschutzaspekt**

Im § 1 des Tierschutzgesetzes (TierSchG) ist verankert, dass man einem Tier ohne vernünftigen Grund keine Schmerzen, Leiden oder Schäden zufügen darf. Die Ohrtätowierung ohne Betäubung bei Kaninchen wird vom Tierschutzgesetz erlaubt (§ 5 Abs.3 TierSchG).

Ohne einen vernünftigen Grund geschieht die Tätowierung von Rassekaninchen nicht, denn im Rahmen einer planmäßigen Zucht ist eine Kennzeichnung auf diesem Wege unabdingbar und somit konform mit dem Tierschutzgesetz.

Selbst eine fachkundig ausgeführte Tätowierung kann sicherlich nicht immer ganz schmerzfrei sein, ist aber im Vergleich zu anderen Kennzeichnungsmethoden wahrscheinlich noch die am meisten tiergerechte Art.

# Schaufertigmachen

Das Erreichen von Spitzenergebnissen auf Ausstellungen erfordert nicht nur genetisches Fachwissen und die richtige Selektion bei der Zucht, sondern auch viel Fleißarbeit im Laufe des Zuchtjahres. Neben der richtigen Fütterung und regelmäßigen Stallreinigung stehen die kontinuierlichen **Gewichtskontrollen** der zukünftigen Preisträger und viele andere Dinge an. All dies gehört im weitesten Sinne bereits zum Schaufertigmachen.

Ebenso kann das **Antrainieren** und das Fördern eines korrekten Standes mit der entsprechend richtigen **Körperhaltung** den Gesamteindruck des Tieres positiv beeinflussen und durchaus den ein oder anderen zusätzlichen Punkt gewinnen. Der erste Eindruck ist auch bei einem versierten Bewertungsrichter meist der entscheidende. Dabei hinterlässt ein Rassevertreter, der sich stolz und gelassen den kritischen Blicken des Preisrichters präsentiert, sicherlich einen besseren als ein „Angsthase", der versucht, sich zu verstecken.

**Tipp**
Die Schauvorbereitung beginnt im Prinzip schon in den ersten Lebenswochen des Kaninchens und es liegt ganz in der Hand des Züchters, was er daraus macht. Er muss sich immer bewusst sein, das die Rassekaninchenzucht unmittelbar mit dem Schaufertigmachen verbunden ist und sich fehlender Einsatz am Ende negativ auf die Bewertung auswirken wird.

Neben den bereits angesprochenen Tätigkeiten zur Ausstellungsvorbereitung man seine Tiere rechtzeitig gegen RHD (Rabbit Haemorrhagic Disease) **impfen** lassen. Die Viruserkrankung **RHD**, auch **Chinaseuche** genannt, befällt nur Kaninchen und verursacht Blutungen, mit einer Sterblichkeit der befallenen Tiere bis zu 100 %.

Eine generelle Impfpflicht gibt es zwar derzeit nicht, jedoch ist bei nahezu allen **Rassekaninchenausstellungen** im Bundesgebiet eine entsprechende **Impfbescheinigung** beim Einstallen seiner Tiere vorzulegen. Die Impfung sollte spätestens vier Wochen vor dem Ausstellungstermin erfolgt sein.

## Der Pflegezustand

Besonders die Beurteilungsposition 7, der „Pflegezustand" in unserem ZDRK-Bewertungssystem wird gern von Züchtern unterschätzt und so oft unnötig Punkte im Kampf um die vorderen Plätze verschenkt. Es gibt hier zwar „nur" maximal 5 Punkte, im Vergleich zu den anderen

Durch das vorsichtige Entfernen andersfarbiger Haare mit einer Pinzette lassen sich unnötige Punktabzüge in der Deckfarbe vermeiden.

Bewertungspositionen ein eher geringer Anteil, doch gerade auf diese Punkte kann der Züchter vor der Bewertung selbst einen gewissen Einfluss nehmen.

Erst der vom Standard geforderte **hervorragende Pflegezustand** bildet die Grundlage für die Beurteilung des Kaninchens, erst dann kann der Richter die Konkurrenten untereinander wirklich gut in ihren einzelnen Details vergleichen. Ausdrücklich werden saubere Läufe, Ohren, Geschlechtspartien und gut beschnittene und reinliche Krallen verlangt.

Freilich hat das Schaufertigmachen aber nicht nur auf den Pflegezustand, sondern auch auf die Beurteilung in den anderen Positionen Einfluss. Denn unter den Begriff Schaufertigmachen zählt man nicht nur die unmittelbaren Säuberungsarbeiten am Tier, sondern auch das

Bereinigen einer leicht durchsetzen Decke, das Krallenschneiden, das Säubern der Geschlechtsecken und Ohren sowie die Fellpflege. Ergänzt wird diese Schönheitspflege durch das Entfernen von Wammenansätzen und dem Herauszupfen andersfarbiger Haare aus der Deckfarbe. Die letzten beiden Punkte haben nicht nur Einfluss auf die Punktzahl in Position 7 sondern auch auf die in Position 2 „Körperform, Typ und Bau“ und 6 „Spezifisches Rassemerkmal“.

**Wichtig**

Leichter Stallschmutz, geringfügig unsaubere Ohren oder Geschlechtsecken, lange Krallen sowie leichte Filzbildung werden bereits als leichte Fehler bestraft. Zum Ausschluss von der Bewertung führen hingegen in jeglicher Weise sehr verschmutzte Tiere sowie Tiere mit starker Filzbildung.

### Krallenschneiden

Besonderes Augenmerk müssen wir auf die Krallen legen, denn sie sind nicht nur meistens das Erste, was sich der Preisrichter anschaut, sondern sie sind auch ausschlaggebend für einen vernünftigen Stand des Tieres. Das bedeutet, dass die Krallen kurz vor Ausstellungsbeginn geschnitten werden sollten, um die scharfen Kuppen zu entfernen und die Länge der Krallen so zu verkürzen, dass ein **korrekter Stand** des Kaninchens gewährleistet wird. Auch wenn die Daumenkralle laut Standard von der Bewertung unberücksichtigt bleibt, sollte man diese unbedingt mitkürzen. Bereits eine einzige ungeschnittene Kralle würde zu Punktabzug führen. Damit die **Krallenfarbe** eindeutig festgestellt werden kann, müssen die Krallen frei von Stallschmutz sein.

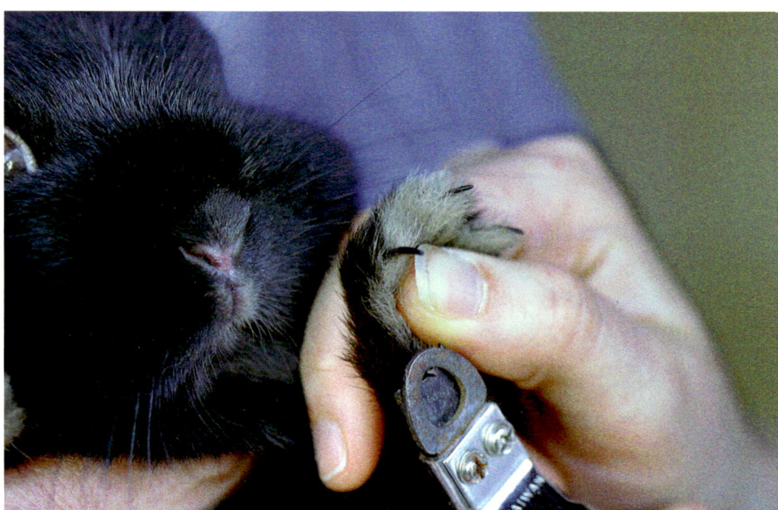

Durch leichten Druck auf den Fußballen treten die Krallen hervor, sodass sie problemlos gereinigt und geschnitten werden können.

Beim Krallenschneiden sollte man darauf achten, dass man sie nicht zu weit kürzt und es dadurch zu Blutungen kommt. Bei wenig pigmentierten Krallen ist dies wesentlich einfacher als bei dunklen, bei denen man den Beginn der **Blutgefäße** leichter erkennen kann. Hilfreich beim Krallenschneiden ist es, wenn man das Tier mit dem Rücken auf den eigenen Schoß legt und es ein wenig zwischen den Beinen fixiert, damit es ruhig liegt. Indem man nun leicht auf die Fußballen des Tieres drückt, kommen die Krallen richtig zum Vorschein, sodass man sie recht bequem und gefahrlos auf die richtige Länge bringen kann.

### Reinigen des Geschlechtbereiches und der Ohren

Als Geschlechtsecken bezeichnet man die zwei Hautfalten links und rechts neben dem Geschlecht. Am leichtesten lassen sich diese mit in etwas Babyöl, Universalöl (Ballistol) oder einfach in Wasser eingetunkten Wattestäbchen reinigen. Verschmutze Ohrmuscheln säubert man mit einem Feuchtigkeitstuch.

### Fellpflege

Durch regelmäßiges **Bürsten** des Felles wird das alte abgestorbene Haar entfernt und man schafft den nötigen Platz zum Wachstum des neuen Haarkleides. Unabhängig von der Fellstruktur macht ein gepflegtes, glänzendes Fell ohne Schmutzpartikel und lose Haarbüschel immer den besseren Eindruck.

Zur Fellpflege gehört auch das Sauberhalten der Kaninchen, nicht nur bei weißen Tieren. Stallschmutz an den Tieren sollte durch saubere Buchten von vorneherein vermieden werden, den der kann mit

Regelmäßiges Ausbürsten hält das Fell in gepflegtem Zustand und entfernt dabei bereits abgestorbenes Fellhaar.

der Zeit dauerhaft zu Verfärbungen des Fells führen. Dies macht eine Reinigung dann oft unmöglich und führt unweigerlich zu Abwertung.

### Unerwünschte Wammenansätze

Man hat die Möglichkeit, leichte Wammenansätze mit Hilfe eines sogenannten Wammenkammes oder einer Pinzette zu bearbeiten. Dies geschieht durch das **Herausnehmen von Unterwolle**. Hierbei ist aber Vorsicht geboten und etwas Übung gefragt, damit man keine Fellhaarschäden verursacht. Sinnvoll ist es, diesen Vorgang vorab an einem Übungstier auszuprobieren. Wammenkämme sind im Zuchtbedarfshandel in verschiedenen Ausführungen erhältlich.

### Entfernen andersfarbiger Haare

Unnötige Punktabzüge in Zeichnung und Farbe kann man durch das Herauszupfen andersfarbiger Haare vermeiden. Es ist dabei durchaus legitim, eine „leichte Durchsetzung der Deckfarbe“ mit Hilfe einer Pinzette auszubessern (siehe Foto Seite 103). Zudem kann man auf gleiche Weise Zeichnung und Deckfarbe bei einigen Rassen wie beispielsweise Schecken besser zu Geltung bringen.

### Unerlaubte Handlungen

Die AAB (Allgemeine Ausstellungsbestimmungen) regeln unter anderem auch unerlaubte Handlungen im Rahmen des Schaufertigmachens. Demnach wird jegliches Beschneiden von Zeichnungsmerkmalen, Wammen und Ähnlichem sowie das Färben von Krallen als Täuschungsversuch geahndet. Festgestellte Täuschungen oder Veränderungen führen nicht nur zum **Ausschluss** des beanstandeten Tieres, sondern auch der weiteren dieses Ausstellers.

## Korrekter Stand

Was die korrekte Stellung betrifft, so gibt es rassebedingt große Unterschiede. Allein durch die Anatomie ist der Stand eines Hasenkaninchens ganz anders als der eines Deutschen Widders.

Die Bereitschaft eines Tieres, sich in „korrekter Stellung“ zu präsentieren, ist individuell unterschiedlich, auch innerhalb eines Rassebestandes. Manchen ist sozusagen eine gewisse Anmut angeboren, bei anderen wird sich trotz häufigster Übungseinheiten einfach kein Erfolg einstellen. Dann allerdings sollte man sich ernstlich darüber Gedanken machen, diese Tiere erst gar nicht in die Zucht zu nehmen.

Die **Beschäftigung mit dem Tier** gehört zum Schaufertigmachen. Dabei ist darauf zu achten, dass es einen richtigen Auftritt hat und sich zumindest ein wenig präsentiert. Je früher man den korrekten Stand zu üben beginnt, desto größer sind die Erfolgsaussichten. Dazu nimmt man die Kaninchen regelmäßig aus dem Stall und gewöhnt sie

an die Menschenhand. Dies kann man zum Beispiel auch mit einer Gewichtskontrolle verbinden.

Der routinemäßige Kontakt und die Beschäftigung mit dem Tier braucht nicht viel Zeit in Anspruch zu nehmen, es genügt, immer wieder das Kaninchen kurz auf dem Tisch so zu positionieren, wie es sich vor dem Preisrichter zeigen sollte. Es wird sich daran gewöhnen und merken, dass ihm dabei nichts passiert. So ist es auf den „Ernstfall" auf der Ausstellung gebührend vorbereitet.

Die Preisrichter sehen bei der Bewertung genau hin. Ihr Urteil ist für den Züchter eine wichtige Leitlinie.

# Kaninchenfütterung

Entwicklung und Gesundheitszustand unserer Hauskaninchen sind unmittelbar von der Fütterung abhängig. Daher sollte man sich vor Anschaffung von Kaninchen und speziell in der Rassekaninchenzucht unbedingt die notwendigen Grundkenntnisse über die richtige Ernährung von Kaninchen aneignen. Hierzu zählt aber nicht nur das Wissen über Art und Menge der gereichten Futtermittel, sondern auch darüber, wie der Verdauungsapparat des Kaninchens überhaupt arbeitet und welche Aufgaben die einzelnen Vitamine und Nährstoffe haben.

## Von Nährstoffen und Vitaminen

Nährstoffe sind die Grundbestandteile der Nahrung. Sie liefern Energie, sorgen für die Stoffwechselvorgänge im Körper, den Aufbau von Körpersubstanz und dienen der Sicherstellung der optimalen Körperfunktionen. Der Wert eines Futters bemisst sich darin, in wieweit die enthaltenen Nährstoffe verdaulich sind. Der Nährstoffbedarf ist abhängig von Alter und Größe des Tieres und natürlich von den jeweiligen Leistungsanforderungen.

### Die wichtigsten Nährstoffe und ihre Aufgaben

**Eiweiße** (Rohproteine) sind wichtig für Fleischbildung und Wachstum, Fortpflanzung, Muskulatur und Fell, sie bestimmen Bau, Funktion und Stoffwechsel aller lebenden Zellen und Gewebe. Sie bestehen aus Aminosäuren (Eiweißbausteinen) pflanzlicher oder tierischer Herkunft. Da Proteine nicht gespeichert werden können, müssen sie dem Körper ständig zugeführt werden. Manche dieser Eiweißbausteine kann das Kaninchen durch Nahrungsaufnahme selbst erzeugen. Noch säugende Jungtiere können das nicht. Bei säugenden Häsinnen und heranwachsenden Jungtieren ist der Eiweißbedarf besonders hoch. Eiweißreiches Futter findet vor allem auch in der Mast Verwendung.

**Energieträger**, hierzu zählen Kohlenhydrate wie Stärke und Zucker sowie Rohfette, die für Energieversorgung, Organtätigkeit, Wärmeisolierung und Erhaltung der Körpertemperatur zuständig sind. Die aus den Kohlenhydraten und Fetten gewonnene Energie dient somit also zur Kraft- und Wärmegewinnung. Rohfette verfügen dabei über einen doppelt so hohen Energieanteil als Stärke oder Zucker. Im Gegensatz zu Proteinen können Kohlenhydrate gespeichert werden. Einen höheren Energiebedarf haben insbesondere säugende Häsinnen. An kalten Tagen steigt der Energiebedarf der Kaninchen ebenfalls stark an. Fette und Öle wirken sich außerdem positiv auf den Fellglanz aus.

Frisches Grünfutter enhält alles, was die Thüringerhäsin und ihre Jungen brauchen, um gesund zu bleiben.

**Rohfaser** (Faserstoffe) sind für den gleichmäßigen Transport des Futterbreis durch das Darmsystem verantwortlich. Rohfasern sind nicht anderes als Stützsubstanzen wie Zellulose aus Pflanzen, deren Gerüst sie bilden. Ohne einen ausreichend hohen Rohfaseranteil im Futter kommt es bei Kaninchen zu Darmproblemen wie Verstopfung. Aber auch der Energiegehalt der verdaulichen Rohfaseranteile ist von Bedeutung.

**Mineralstoffe** (Mineralien) dienen zum Skelettaufbau und zum Aufbau der Körpersubstanz sowie zur Erhaltung der Körperfunktionen. Die wichtigsten Mineralstoffe sind Kalium, Kalzium, Phosphor, Natrium, Chlor und Schwefel. Zu geringe Aufnahme dieser Mineralien kann Mangelerscheinungen hervorrufen. Vor allem Tiere im Wachstum benötigen eine ausreichend hohe Mineralstoffzufuhr. Auch hier besteht wiederum ein erhöhter Bedarf bei säugenden Häsinnen, insbesondere an Kalzium, einem der Hauptbestandteile der Milch.

**Spurenelemente** sind unverzichtbar für Knochen- und Zahnaufbau und deren Erhaltung, ebenso wie die Mineralstoffe. Weiterhin sind sie notwendig für den Nerven- und Muskelstoffwechsel, die Blutbildung und die Fruchtbarkeit. Zu den Spurenelementen zählen Kupfer, Eisen, Mangan, Kobalt und Magnesium.

### Vitamine und ihre Aufgaben

Vitamine (vita, lat.=Leben) sind organische Verbindungen, die der Organismus nicht selbst bilden kann. Sie werden nicht als Energieträger, sondern für andere lebenswichtige Funktionen benötigt. Sie beeinflussen vor allem Wachstum, Fruchtbarkeit und Gesundheit und dienen unmittelbar der Lebenserhaltung.

Bei einem **Mangel** kommt es zu Gesundheitsproblemen: Krankheitsanfälligkeit, Störungen bei Fortpflanzung, Wachstum, Stoffwechsel, Fruchtbarkeit und anderem. Vitaminbedingte Mangelerscheinungen nennt man Hypovitaminosen oder Avitaminosen bei völligem Fehlen eines Vitamins. Hypervitaminosen dagegen sind Gesundheitsstörungen, die durch **Überdosierungen** bestimmter Vitamine entstehen können.

Man unterscheidet zwischen zwei unterschiedlichen Gruppen von Vitaminen: den fettlöslichen A, D, E und K und den wasserlöslichen C und die B-Gruppe. Die fettlöslichen Vitamine außer denen der K-Gruppe kann das Kaninchen nicht körpereigen produzieren, das heißt, sie müssen dem Organismus über die Nahrung zugeführt werden. Die wasserlöslichen Vitamine B und C hingegen kann das Kaninchen unter anderem durch mikrobielle Vorgänge selbst bilden (siehe Verdauung ab Seite 55).

### Die fettlöslichen Vitamine

**Vitamin A** ist das sogenannte Wachstums- und Hautschutzvitamin (Retinol). Die wichtigste Aufgabe ist die Aufrechterhaltung der Haut- und Schleimhautfunktionen. Damit ist das Vitamin A unmittelbar für den Schutz der Atem- und Verdauungswege sowie für die Fruchtbarkeit verantwortlich.

**Vitamin D** dient der Einlagerung von Mineralstoffen wie Kalzium und Phosphor und somit zur Kalkbildung in den Knochen. Es beugt daher der Rachitis, Erkrankungen des wachsenden Knochens wie Verformungen und Knochenweiche vor. Der Vitamin-D-Bedarf ist bei Kaninchen relativ gering, sodass bei „richtiger" Ernährung üblicherweise kein Mangel entsteht. Die Vitamin-D-Produktion wird durch UV-Strahlen, also durch Sonnenlicht aktiviert.

**Vitamin E** ist in erster Linie für den Stoffwechsel in den Zellen zuständig. Weiterhin schützt es das Vitamin A vor zu schnellem Abbau durch Sauerstoff. Ein Mangel führt zu Muskelschwäche und Veränderungen der Leber. Dadurch können die hormonellen Steuerungsvorgänge erheblich gestört werden. Die Folge sind oft Fruchtbarkeitsprobleme oder das Absterben von Föten im Mutterleib.

Vitamine der **K-Gruppe** dienen zur Regulierung der Blutgerinnung. Die Versorgung erfolgt mit Hilfe einer komplizierten mikrobiellen Vorganges im Blinddarm der Kaninchen, dessen speziell angereicherten Kot sie dann selbst wieder aufnehmen. Daher spielt das Vitamin K bei der Fütterung eine untergeordnete Rolle.

**Die wasserlöslichen Vitamine**

Vitamine der **B-Gruppe** sind unter anderem für Funktionsfähigkeit des Nervensystems, den Abbau von Fett und Eiweiß und den Eiweißstoffwechsel verantwortlich. Sie spielen keine Rolle bei der Kaninchenfütterung, da sie vom Blinddarm unter dem Einfluss von Bakterien selbst gebildet und durch das Kotfressen des Blinddarm- oder Weichkotes aufgenommen werden. Vorsicht ist jedoch bei der Gabe von Antibiotika und Sulfonamiden geboten, denn hierdurch wird die Bakterienflora des Darms und die Produktion des Vitamins B gestört. Dann sollte dann unter Umständen ein entsprechendes Zusatzpräparat gereicht werden.

**Vitamin C** (Ascorbinsäure) sorgt für die Bildung und Funktionserhaltung von Bindegewebe und begünstigt die Eisenaufnahme aus der Nahrung. Außerdem ist es wichtig für die Wundheilung, Narbenbildung und das Wachstum. Es kann vom Kaninchen körpereigen produziert werden, daher hat es bei der Fütterung eine weit weniger wichtige Bedeutung als beispielsweise beim Meerschweinchen, das es nicht selbst herstellen kann.

## Das Wasser

Zuletzt dürfen wir das Wasser nicht vergessen. Es gehört zwar im engeren Sinne nicht zu den Nährstoffen, ist aber dennoch unbedingt lebensnotwendig für den Organismus. Das Wasser zählt zu den Bau- und Funktionsstoffen im Körper und findet sich in den Körperzellen,

Sauberes Wasser muss den Kaninchen immer zur Verfügung stehen. Das braune Glas verhindert, dass sich durch Lichteinwirkung Algen bilden.

im Blut, in der Lymphe, den Verdauungssäften und sogar Knochen wieder. Der Körper eines Säugetieres besteht dabei zu rund 60 bis 70% aus Wasser. Es hat die Aufgabe, den Nahrungsbrei zu verdünnen und aufzulösen. Ferner dient es als Transportmittel im gesamten Körper und ist weiterhin an der Wärmeregulierung beteiligt.

Da durch Ausscheidungen wie Urin und Kot dem Körper große Mengen an Wasser verloren gehen, muss dies durch ausreichende Flüssigkeitszufuhr wieder ausgeglichen werden. Ein Wassermangel des Organismus würde zuerst zu Stoffwechsel- und Verdauungsproblemen, einem starken Leistungsabfall und schließlich zum Tode führen.

## Futtermittel

Zur Deckung des Nährstoff- und Vitaminhaushaltes hat man für die Rassekaninchenzucht eine Vielzahl unterschiedlicher Futtermitteln zur Auswahl. Grundsätzlich unterscheidet man dabei zwischen Grobfutter, auch Wirtschaftsfutter genannt, und Trockenfutter. Zum Grobfutter zählen Grün-, Saft- und Raufutter. Trockenfutter hingegen ist ein allgemeiner Überbegriff für das Kraft- und auch das Mischfutter: alle nicht Saft- und Grünfuttersorten.

### Grobfutter (Wirtschaftsfutter)

Frisches Grobfutter nennt man auch Grünfutter oder Saftfutter. Handelt es sich um getrocknete Pflanzen, spricht man von Raufutter.

**Grünfutter**. Der Nährstoffgehalt im frischen Grünfutter ist so hoch, dass die Kaninchen in der Zuchtruhe theoretisch mit einer Alleinfütterung durch Grünfutter auskämen. Es besteht im Prinzip aus allen möglich Gras-, Klee-, Kräuter-, Laub- und Blumenarten, die wir auf Wiesen oder im Garten finden. Besonders erwähnt werden sollten Löwenzahn und Luzerne, die beide leicht verdaulich und extrem eiweißreich sind und zudem den Tieren noch besonders gut schmecken. Aufgrund des hohen Eiweiß- und des relativ geringen Rohfasergehaltes birgt die Grünfutterfütterung aber auch gesundheitliche Risiken bei den Tieren. Vor allem Blähungen und Koliken sind gefürchtet.

**Wichtig**

Man sollte kein feuchtes oder erwärmtes Grünfutter verfüttern und dieses am besten über eine Heuraufe anbieten, damit die Tiere es nicht verschmutzen oder erwärmen können.

Auch auf die Giftigkeit verschiedener Pflanzen im Grünfuttergemisch achten!

**Einige giftige Pflanzen**

- Nachtschattengewächse
- Eibe
- Fingerhut
- Goldregen
- Herbstzeitlose
- Ginster
- Hundspetersilie
- Tollkirsche
- Eisenhut
- Trompetenbaum
- Goldhafer
- Bärenklau
- Kirschlorbeer
- Maiglöckchen
- Schneeglöckchen
- Oleander
- Rittersporn
- Robinie
- Schlafmohn
- Efeu
- Buchsbaum
- Zimmerpflanzen wie Ficus-Arten, Primel, Immergrün, Lilienarten

**Saftfutter**. Zum Saftfutter zählen alle kohlartigen Pflanzen, Salate, Obst und Wurzelfrüchte. Oft wird des auch als „Küchenabfallfutter" gereicht. Besonders Kartoffelschalen nehmen die Tiere gern und diese weisen zudem noch einen hohen Nährwert durch die enthaltenen Zucker und Stärke auf. Bitte Keime und Grünstellen an den Kartoffeln vorab entfernen, da diese giftiges Solanin enthalten.

**Wichtig**

Solanin ist ein schwerlösliches, toxisches Alkaloid, eine giftige, organische und stickstoffhaltig Verbindung, die in Nachtschattengewächsen vorkommt. Bei zu hoher Aufnahme von Solanin kann es unter anderem zu Magen- und Darmentzündungen, Nieren-, Herz-Kreislauf- und Atemwegschädigungen bis hin zu Schädigungen des zentralen Nervensystems kommen.

Die Wurzelfrüchte zu denen beispielsweise Möhren, Kartoffeln, Rüben und Topinambur zählen, weisen sowohl einen geringeren Eiweiß- und Vitaminigehalt als auch einen niedrigen Rohfasergehalt auf als Grünfutter. Der Wassergehalt hingegen ist sehr hoch, wie der Name Saftfutter schon besagt. Futterrüben bestehen aus bis zu 86 % aus Wasser, haben einen sehr hohen Energiegehalt durch den hohen Zuckeranteil sowie viele wichtige Mineralstoffe. Mohrrüben weisen den vergleichsweise höchsten Anteil an fettlöslichen Vitaminen auf und sind auch durch ihren Karotingehalt, Beta-Carotin ist die Vorstufe von Vitamin A, ein wertvolles Futtermittel.

Viele Kohlarten dienen als nahrhaftes Saftfutter für unsere Kaninchen. Besonders schmackhaft sind Grün- und Blumenkohl, Kohlrabi und vor allem Markstammkohl. Eher nicht geeignet sind Weiß- und Rotkohl sowie Rosenkohl und Wirsing. Sie sind schwer verdaulich und wirken durch die Gasbildung im Darm blähend. Auch bei Salat

Der Anbau von Markstammkohl für die Kaninchenfütterung wie hier zwischen dem Kopfsalat lohnt sich auch im kleinen Garten.

ist wegen des hohen **Nitratgehaltes** Vorsicht geboten. Kleinere Mengen sind jedoch unschädlich und können von den Tieren meist problemlos verarbeitet werden.

**Wichtig**
Nitrit und Nitrat sind Verbindungen aus Stickstoff und Sauerstoff. Nitrat selbst ist nicht giftig, aber die Vorstufe des gesundheitsschädigenden Nitrits, das durch mikrobielle Vorgänge im Körper entsteht. Die Verfütterung von wenig belastetem Saftfutter oder einer geringen Menge des jeweiligen Futters ist dabei meist unbedenklich.

Ebenso sollten Rote Beete, Blattspinat, Mangold, Rhabarber und Chicoree nur mit Bedacht verfüttert werden, da diese Pflanzen gesundheitsschädliche **Oxalsäure** enthalten.

**Wichtig**
Oxalsäure ist eine weit verbreitete, wasserlösliche, organische Pflanzensäure. Oxalsäure reagiert im Körper mit Kalzium, es stört den Kalziumstoffwechsel, was in der Abfolge Nierenschädigungen zur Folge haben kann.

Obst ist nur bedingt für den Speiseplan der Kaninchen empfehlenswert. Als Appetitanreger können aufgrund ihrer Süße Äpfel- und Birnen in kleinen Mengen gute Dienste tun. So sollte generell für Saftfutter der Grundsatz gelten: Zuviel schadet!

**Raufutter**. Als Raufutter bezeichnet man getrocknetes Grobfutter, also getrocknete Pflanzen. Die wohl bekannteste und für die Ernährung des Kaninchens wichtigste Form des Raufutters ist das **Heu**, vornehmlich Wiesenheu, welches aus getrockneten Gräsern und Kräutern besteht. Da es aufgrund seines hohen Rohfaseranteils die Verdauung stabilisiert und reguliert, sollte es ein unentbehrlicher Bestandteil der Fütterung sein.

Hierbei ist es wichtig, besonders auf „gutes" Heu mit einem hohen Nährstoffgehalt zu achten. Man erkennt dies an der Vielfalt der darin enthaltenen Gras-, Kräuter- und Kleesorten. Es sollte unbedingt vor Verfütterung einige Wochen abgelagert worden sein. Diesen Vorgang nennt man in der Landwirtschaft auch „ausschwitzen". Auch darf das Heu weder staubig noch schimmelig sein.

**Hinweis**
Hochwertiges Wiesenheu erkennt man an seinem frischen aromatischen Duft. Zu altes Heu verliert an Farbe, Geschmack, Geruch und vor allem an Nährstoffen und sollte daher nicht mehr verwendet werden.

Weitere bekannte Heusorten sind das Laub- und das Kleeheu. Steigender Beliebtheit erfreuen sich Raufuttermittel wie getrocknete Petersilien- oder Selleriestiele.

**Gärfutter**. Eine Art Sonderstellung nimmt das sogenannte Gär- oder Silagefutter ein. Die Silierung ist zwar in der Landwirtschaft weit verbreitet, für die Kaninchenhaltung jedoch von unter geordneter Bedeutung. Durch Luft- und damit Sauerstoffentzug sowie Verdichtung werden hauptsächlich kohlenhydrathaltige Futtermittel, also solche, die Stärke und Zucker enthalten, milchsauer zur Silage vergoren. Hierbei wandeln nur die vorhandenen Milchsäurebakterien den Zucker in Säure um und der pH-Wert fällt ab. Dies hemmt andere Mikroorganismen wie die gärschädlichen E. coli und Clostridien am Wachstum und inaktiviert pflanzeneigene Enzyme, durch welche das pflanzliche Material faulen könnte.

Für diese Art der Konservierung sind grundsätzlich alle Grünfuttermittel geeignet. Am häufigsten finden Gras, Mais, Klee, Luzerne, Ackerbohnen, Maispflanzen und Rübenblätter Verwendung.

**Hinweis**
Da die Silagebereitung in Gegenüberstellung zu den daraus gewonnenen Nährstoffen sehr arbeits- und zeitintensiv ist und hohe Anforderungen bei der Zubereitung verlangt, ist sie als Zubereitungsform für Kaninchenleistungsfutter weniger geeignet.

### Trockenfutter

Trockenfutter ist der allgemeine Überbegriff für alle nicht Grobfuttersorten. Dazu zählen sowohl das Kraft- als auch das Mischfutter. Im Vergleich zum Grobfutter unterscheidet sich das Kraftfutter durch einen höheren Nährstoffgehalt, sodass das Kaninchen im Vergleich dazu weniger davon aufnehmen muss.

**Kraftfutter.** Zu den Kraftfuttermitteln, auch Konzentratfutter genannt, gehören Getreidekörner aller Art, Abfälle aus der Getreideverarbeitung wie Kleie oder Sojaschrot, Rückstände aus der Zuckerrübenverarbeitung wie die Rübenschnitzel, Haferflocken, Mehle, Ölsaaten wie Sonnenblumenkerne oder Leinsamen.

Sämtliche Kraftfuttermittel haben eine unentbehrliche Aufgabe in der Kaninchenfütterung. Auf die einzelnen Vorzüge aller Kraftfuttersorten näher einzugehen, würde den Rahmen hier sprengen. So seien nur kurz die Sonnenblumenkerne als Beispiel genannt. Neben der Verbesserung der **Fellqualität** der Kaninchen durch die darin enthaltenen Öle, ist ein weiterer besonderer Vorteil der Fütterung von Sonnenblumensamen, dass durch die harte Schale das Kauen und damit die **Zahngesundheit** der Tiere gefördert wird.

**Mischfutter, Fertigfutter.** Beim Mischfutter handelt es sich um industriell hergestelltes Futter, in der Regel in Form von sogenannten **Pellets**. Grundlage des Futters sind Rohfasern, Grünmehle und Kornbestandteile, die im Idealfall und je nach Hersteller nur aus ausgewählten und hochwertigsten Rohstoffen bestehen.

**Hinweis**

Die stabile Konsistenz der Pellets gewährleistet die Abnutzung der nachwachsenden Schneidezähne der Kaninchen.

Diese **Pressfutterprodukte** sind optimal mit Vitaminen und Mineralstoffen ausgestattet. Dies führt im Vergleich zu einer Fütterung ohne pelletiertes Futter zu einer besseren Entwicklung und Kondition der Tiere. Außerdem sind die Aufzuchtsverluste erwiesenermaßen geringer und die Vitalität höher.

Es gibt eine Vielzahl verschiedener **Fertigfutterprodukte**, die abhängig von verschiedenen Faktoren wie Rasse, Alter, Trächtigkeit, Geschlecht, spezifisch auf die Ernährung der Tiere abgestimmt sind, zum Beispiel nach den Bestimmungen der DLG, der Deutschen Landwirtschaftsgesellschaft:

- Universalfutter für Kaninchen
- Alleinfutter für Zuchtkaninchen
- Alleinfutter für Angorakaninchen

- Alleinfutter für Mastkaninchen
- Alleinfutter für Jungtiere nach dem Absetzen

**Pelletfütterung bietet**
- ganzjährige bestmögliche Versorgung mit den notwendigen Nährstoffen
- optimale Dosierungsmöglichkeiten je nach Bedarf
- weniger Krankheitsrisiken durch Verschmutzung im Vergleich zu Grobfuttermitteln
- rationellere Fütterung und somit Zeitersparnis
- die Möglichkeit der Medikamentengabe teilweise direkt über das Futter
- die Möglichkeit der praktischen Umsetzung der neuesten Fütterungskenntnisse

Industriell hergestelltes Pelletfutter bietet dem Kaninchenzüchter viele Vorteile.

**Finger weg**
**Backwaren** enthalten meist Konservierungsstoffe, Milchprodukte, Sauer- oder Hefeteig, Backtriebmittel und Farbstoffe. Für diese Zutaten ist das Verdauungssystem des Kaninchens nicht ausgelegt. **Brot** bietet vergleichsweise wenig Nährstoffe und ist durch die genannten Zusatzstoffe zudem schwer verdaulich. Einzig hart getrocknete Brötchen aus Weizenmehl können gelegentlich eine schmackhafte und unschädliche Abwechslung auf dem Speiseplan sein. Aufpassen muss man bei Brotbackwaren auch auf **Schimmelpilze**, die sich recht rasch und teils auch zu Anfang unsichtbar für das menschliche Auge darauf vermehren. Eine übermäßige Verfütterung von Brot kann neben den anderen gesundheitlichen Risiken durch den hohen Anteil an Kohlenhydraten auch zur Verfettung der Tiere führen.

Die sogenannten **Leckerli** wie Knabberstangen und Ähnliches gehören ebenfalls nicht zur artgerechten Ernährung des Kaninchens, da sie neben den Konservierungs- und Farbstoffen meist **viel zu viel** Zucker in Form von Melasse oder Honig enthalten. Ein besseres Leckerli ist in diesem Fall immer beispielsweise ein Stückchen Apfel.

## Fütterungstechnik

Darunter versteht man die Art und Weise, wie man die jeweiligen Futtermittel **bedarfsgerecht** in einem bestimmten Zeitraum an die Tiere verabreicht. Falsche Fütterungstechniken können die Ursache für Erkrankungen, Mangelerscheinungen und Entwicklungsstörungen bei unseren Kaninchen sein.

Beinahe jeder Züchter entwickelt aufgrund seiner erworbenen Erfahrungen im Laufe der Jahre seine eigene Technik, die ihm die gewünschten Erfolge bringt. Weiterhin spielen auch **Kosten- und Zeitaufwand** eine Rolle. Die Erfahrungen aus meiner eigenen Züchterpraxis sollen daher das Wissen rund um die Kaninchenfütterung sinnvoll ergänzen und einige Tipps und Ratschläge geben. Keineswegs wollen sie dem Züchter die eine oder andere Fütterungsmethode aufzwingen.

Bei der Kaninchenfütterung unterscheidet man also zum einem nach dem Ziel wie der Fleischgewinnung, Erhaltung oder Aufzucht, die eng mit der Art der Fütterung verbunden sind ist und zum anderen nach bestimmten Prinzipien.

### Ziele der Fütterung

**Mast und Fleischgewinnung:** Um Wachstum und Fleischbildung zu fördern wird ein besonders energie- und eiweißreiches Leistungsfutter benötigt.

**Erhaltung/Zuchtruhe:** Unter Erhaltungsfütterung versteht man, den Kaninchen nur so viele Energieträger über das Futter zu verabreichen, wie sie zum Leben brauchen. Dies geschieht durch die Gabe des sogenanntem Erhaltungsfutters, also energiestoffarmer Nahrung. Dadurch werden die Tiere gesund erhalten, sie nehmen aber nicht zu und können somit auch nicht überfetten.

**Zucht/Aufzucht:** Bei Zucht und Aufzucht sollte Leistungsfutter gereicht werden, besonders bei Jungtieren ab der siebten Lebenswoche und Zuchtrammlern in den Deckperioden. Bei stark belasteten Tieren wie säugenden und hochtragenden Häsinnen kann man durch die Zugabe von Mineralstoffzusätzen (zum Beispiel Vilomuk) einen Nährstoffmangel verhindern.

**Ausstellung:** In der Schausaison brauchen auch unsere Ausstellungskaninchen dieses energie- und eiweißreiche Futter.

### Methoden der Fütterung

**Fertigfutter-Alleinfuttermethode:** Sie wird vorwiegend in Mastbetrieben angewendet, mit den Vorteilen einer rationellen Fütterung und genauen Dosierungsmöglichkeit. Eine rentable Aufzucht von Mastkaninchen erfordert die Fütterung eines sehr energie- und eiweißreichen Fertigfutters.

**Kombinierte Fütterung mit Grob- und Kraftfutter:** Sie ist die häufigste Fütterungsart in der Rassekaninchenzucht und verbindet die Vorteile der Alleinfuttermethode mit der Fütterung mit wirtschaftseigenen Futtermitteln. Dabei sollte das Pelletfutter die Grundlage für eine ausgewogene Ernährung bilden. Das Grobfutter dient als Ergänzungsfuttermittel und dem Abwechslungsreichtum.

**Grünfutter- oder Weidefütterung, wirtschaftseigene Fütterung:** Diese Art der Fütterung wird meist von solchen Kaninchenhaltern bevorzugt, die kostengünstig Schlachttiere heranziehen. Sie ist zwar die preiswerteste, dafür aber auch zugleich die zeitaufwendigste Art der Fütterung. Gerade die Aufzucht verläuft der Jungtiere deutlich langsamer und oft auch verlustreicher als bei anderen Fütterungsmethoden.

**Grundsätze der Fütterung**

**Pünktlichkeit und Häufigkeit:** Die Kaninchenfütterung sollte möglichst immer zur gleichen Uhrzeit erfolgen, denn ein gleichförmiger Fütterungsrhythmus trägt erheblich zum Wohlbefinden der Tiere bei. Ihr Magen-Darm-Trakt reagiert wie eine Art innere Uhr. Unpünktliche, das heißt unregelmäßige Fütterungen können bei den Kaninchen zu einem erheblichen Hungergefühl führen und somit dazu, dass sie zu gierig fressen. Dies wiederum führt leicht zu Darmprobleme und Entwicklungsstörungen.

Empfohlen wird eine Fütterung in den Abendstunden, da Kaninchen Dämmerungstiere und somit nachtaktiv sind. Wegen der Gefahr des Überfressens und dessen Folgen fordert die Fachliteratur häufig, zweimal täglich zu füttern.

Dies entspricht aber nicht ihrer Natur, denn wie beschrieben (siehe Seite 56), sind Kaninchen Dauerfresser und nehmen im Laufe des Tages bis zu achtzig größere und kleinere Mahlzeiten zu sich. In der Regel überfressen sich nur die übermäßig hungrigen Tiere. Daher ist nicht die Häufigkeit, sondern die Pünktlichkeit der Futtergabe ausschlaggebend.

**Wichtig**

Den Kaninchen sollte zu jedem Zeitpunkt Futter, am besten in Form von rohfasereichen Heu, zur freien Aufnahme zur freien Verfügung stehen. Denn nur dies hält das gesamte Darmsystem gleichmäßig in Arbeit.

**Genauigkeit bei der Futtermenge:** Die Dosierung muss den jeweiligen Bedürfnissen der Tiere entsprechen. Die Anforderungen richten sich nach Alter, Geschlecht, Rasse und dem Ziel der Fütterung. Es bedarf etwas Übung, Zeit, Erfahrung und wohl auch ein wenig Fingerspitzengefühl, um die jeweils benötigten Futtermengen der einzelnen Tiere herauszufinden. Die richtige Dosierung des Pelletfutters ist mit einem einfachen Messbecher allerdings nicht weiter schwierig.

**Tipp**

Erfahrene und langjährige Züchter der Kaninchenrassen, die man selbst züchtet oder züchten möchte, geben häufig gerne einen guten Rat zu Details bei der Fütterung speziell dieser Tiere.

**Ausgewogenheit und tierspezifische Fütterung:** Eine ausgeglichene und artgemäße Ernährung nimmt ganz entscheidend Einfluss auf Leistungsvermögen, Gesundheitszustand und letztlich die Lebensdauer unserer Kaninchen. Daher sollten, um Darmstörungen vorzu-

Ausgewogenheit der Futtergabe aus Pellets, Heu und Frischfutter garantieren eine bedarfsgerechte Versorgung der Kaninchen.

beugen, Futterumstellungen nur sehr gemächlich und vorsichtig vorgenommen werden.

Sowohl die Fütterungsmenge und -art als auch die Futtersorte richten sich nach Größe, Rasse, Geschlecht. Dies gilt besonders für die Jungtierfütterung. Um Aufzuchtsverluste zu verringern, reicht man am besten bis zur siebten Lebenswoche ein möglichst eiweiß- und energieträgerarmes Futter. Der Gesunderhaltung hingegen dient ein rohfaserreiches Futter, da es für die Tiere besser verdaulich ist. Nach dem Absetzen etwa nach der siebten Woche, wenn der Verdauungsapparat der Jungtiere besser entwickelt ist, kann der Eiweiß- und Energiebestandteil der Futters wieder gesteigert und somit das Wachstum beschleunigt werden.

**Futterqualität und -zustand:** Das gereichte Futter muss immer von einwandfreier Qualität sein. Das bedeutet, dass niemals verdorbene oder verschmutzte Futtermittel, Rasenschnitt, nasses oder erwärmtes Grünfutter oder auch gefrorenes Saftfutter gereicht werden darf. Grün- oder Saftfutterreste vom Vortag sollten unbedingt aus dem Stall entfernt werden!

**Wichtig**
Frisch gedüngtes oder gespritztes Grobfutter muss unbedingt vermieden werden. Vorsicht ist also vor allem bei der „Ernte“ am Feld- oder Straßenrand geboten.

**Wasserhygiene**

Neben dem den Kaninchen gereichten Futter muss zwingend auch das zur Verfügung gestellte Wasser von einwandfreier Qualität sein. Viele Krankheiten entstehen durch verkeimtes Wasser. Daher **niemals Regenwasser**, sondern unbedingt nur Leitungswasser reichen. Wichtig ist auch, dass man möglichst **täglich frisches Wasser** gibt.

Zuvor werden die Trinkgefäße entleert und regelmäßig gründlich gereinigt. Ein paar Tropfen Apfel- oder Obstessig, alternativ auch Essigessenz ins Trinkwasser der Kaninchen zu geben, ist sehr empfehlenswert, denn dies fördert ihre Verdauung und verhindert, dass das Wasser bei warmen Wetter zu schnell kippt.

**Wichtig**
Bei jeder Art der Tränkung muss der Wasserbehälter regelmäßig komplett entleert und gereinigt werden. An heißen Tagen sollten die Kaninchen wegen der Gefahr der Keimbildung täglich frisches Wasser erhalten. Hier ist es besonders wichtig, den Behälter vorher ganz zu entleeren und nicht einfach wieder nachzufüllen.

# Kaninchenhaltung

Die wichtigsten Voraussetzungen dafür, dass unsere Hauskaninchen gesund bleiben und sich insgesamt gut entwickeln sind die jeweilige Haltungsform und die Beschaffenheit des Stalles. Hierzu gibt es bestimmte, festgelegte **Mindestanforderungen** an eine gesunde und zweckmäßige Unterkunft. Die Zeiten, in denen Kaninchen in einfachsten Verschlägen und notdürftigen Holzkisten untergebracht wurden, gehören zum Glück meist der Vergangenheit an.

Gleichgültig für welche Form der Kaninchenhaltung man sich entscheidet und welches Stallsystem man dabei wählt, in jedem Fall sollte das Wohl der eigenen Tiere in den Vordergrund gestellt werden. Dies bedeutet, dass man immerzu die bestmöglichen Bedingungen für die Gesunderhaltung der Tiere sicherstellen sollte.

## Stallklima

Zu den wichtigsten Kriterien für eine ordnungsgemäße Kaninchenhaltung gehört vor allem ein „gesundes“ Stallklima mit **reichlich frischer Luft** und ausreichenden Lichtverhältnissen. Dabei sollte die optimale **Luftfeuchtigkeit** bei rund 50 bis 60 % liegen und 70 % nicht dauerhaft überschreiten. Natürlich sollten Kaninchen generell vor Feuchtigkeit und Nässe geschützt werden.

Zur Luftqualität zählen neben der Luftfeuchtigkeit auch die Luftzirkulation, also die Luftgeschwindigkeit, sowie die Höhe der **Schadgaskonzentration**. Ammoniak, Kohlendioxid und Schwefelwasserstoff sind ungünstig für die Atemwege der Kaninchen. Ständige Erneuerung durch ein gutes Lüftungssystem kann der Anreicherung von Schadgasen entgegenwirken. Bei der Installation einer Belüftungseinrichtung ist aber unbedingt darauf zu achten, dass die Tiere anschließend nicht im Durchzug sitzen, da sie gegen **Zugluft** besonders empfindlich sind.

### Temperatur

Kaninchen fühlen sich bei einer Temperatur von 15 bis 20 Grad Celsius am wohlsten. Zu hohe und zu niedrige Temperaturen werden zwar von den Kaninchen toleriert, können aber auf Dauer einen negativen Einfluss auf ihre Gesundheit und Entwicklung haben.

**Hinweis**
Kaninchen vertragen niedrige Temperaturen durchweg besser als zu hohe. Temperaturen über 35 Grad werden sie für kurze Zeit meist noch gut wegstecken, über einen längeren Zeitraum jedoch führen diese Temperaturen oft zum Hitzeschlag und mitunter zum Tod der Tiere.

Rechts: Dieses Schwarzsilber-Kaninchen fühlt sich sichtlich wohl in seinem Zuhause!

Als niedrige Temperaturen in der Kaninchenhaltung gelten solche unter 10 Grad Celsius. Wie gut die Kaninchen damit zurechtkommen, hängt vom jeweiligen Haltungssystem und den Tieren selbst ab. Bei niedrigen Temperaturen sind Jungtiere im ersten Lebensmonat weitaus anfälliger als ältere und besonders in den ersten Tagen nach der Geburt kann Frost für die noch kaum behaarten Nestlinge sogar den Tod bedeuten.

### Licht

Ein weiterer unentbehrlicher Faktor für die Entwicklung der Kaninchen ist das Licht. Am günstigsten wirkt sich **Sonnenlicht** auf die Gesunderhaltung und Vitalität der Tiere aus, durch welches im Körper Vitamin D gebildet wird. Eine ausreichende Menge an Tageslicht beeinflusst zudem das Fortpflanzungsverhalten positiv. Direkte Sonneneinstrahlung hingegen sollte jedoch unbedingt vermieden werden, weil sie nicht nur das Wohlbefinden der Tiere beeinträchtigt, sondern auf Dauer auch die Fellfarbe verändern kann.

Da Kaninchen Dämmerungstiere sind, braucht die **Lichtintensität** in ihrer Umgebung im Prinzip nur gering zu sein. Dabei gilt, dass Zuchttiere eine deutlich höhere **Beleuchtungsintensität** benötigen als Masttiere. Man sollte eine optimale tägliche Beleuchtungsdauer von zwölf bis maximal 16 Stunden und einer **Lichtstärke** von mindestens 20 Lux einhalten, das heißt einer Lichtstärke, bei der man man problemlos Zeitung lesen können muss.

## Hygiene

Zur Gesunderhaltung der Kaninchen müssen auch die hygienischen Vorraussetzungen erfüllt werden. Mit anderen Worten, Kaninchenställe und Stallanlage müssen stets rein gehalten werden, denn durch mangelnde Hygiene stehen **Parasiten** und **Infektionserregern** Tür und Tor offen. Bereits stallbauliche Voraussetzungen wie Urinabläufe und Ähnliches tragen zur leichteren Reinhaltung der Ställe bei. Bestimmte Stallsysteme, beispielsweise Buchten mit Kotschubladen bieten von vornherein bessere Möglichkeiten zur Stalldesinfektion.

Nach der Routinesäuberung des Stalles empfiehlt sich in regelmäßigen Abständen eine **Desinfektion** der Stallbuchten und der Gerätschaften wie Trink- und Futtergefäße. Nach meiner Erfahrung zeigen hier verschiedene Stalldesinfektionsmittel erwiesene Wirkung gegen Bakterien, Viren, Sporen und Pilze (zum Beispiel Rhodasept® oder Intersporol®). Eine weitere gute Maßnahme gegen Krankheitserreger ist das Abflammen der Buchten, natürlich mit der nötigen Vorsicht!

Die Ställe und Vorräte sollte man möglichst gut gegen **Ungeziefer** wie Fliegen und Mücken und vor allem auch unliebsame Gäste wie Ratten und Mäuse schützen, da diese Krankheiten übertragen können und zudem unter Umständen auch die Futtervorräte vernichten.

Kotwannen sind sehr nützlich, um die Buchten sauber zu halten, aber sie müssen auch regelmäßig gereinigt und desinfiziert werden.

**Quarantäne**
Als Züchter sollte man darauf achten, dass man über die eigenen Kaninchen nicht zum direkten oder indirekten Krankheitsüberträger wird. Erreger können wir oder Besucher durch unsere Kleidung und Schuhe mit in unsere Anlagen bringen. Ebenso gelangen sie durch das Mitbringen fremder Tiere oder durch unsere direkte Berührung möglicherweise von einer Anlage in die andere.

**Kleidung** sollte man grundsätzlich vor Betreten der Stallanlagen **wechseln**, sofern man zuvor mit anderen Kaninchen in Kontakt gekommen ist. Weiterhin zu empfehlen ist dann eine gründliche **Händedesinfektion**.

Solchen unnötigen Risiken beugt man am besten durch entsprechende Maßnahmen vor. Für neu erworbene Tiere hält man einen abseits der übrigen Ställe gelegenen **Quarantänestall** bereit, bevor man sie nach einer gewissen Zeit der Beobachtung in den eigenen Bestand integriert. Bei Bedarf kann ein solcher separater Stall vorübergehend auch als Krankenstation für eigene Tiere verwendet werden.

## Tierschutzrechtliche Mindestanforderungen

Neben dem richtigen Stallklima und den hygienischen Anforderungen dürfen die tierschutzrechtlichen Bestimmungen nicht außer Art gelassen werden. Die Grundsätze für die Tierhaltung sind in Deutschland im Tierschutzgesetz (TierschG) verankert:

**§ 2**

Wer ein Tier hält, betreut oder zu betreuen hat,
1. muss das Tier seiner Art und seinen Bedürfnissen entsprechend angemessen ernähren, pflegen und verhaltengerecht unterbringen,
2. darf die Möglichkeit des Tieres zu artgemäßer Bewegung nicht so einschränken, dass ihm Schmerzen oder vermeidbare Leiden oder Schäden zugefügt werden,
3. muss über die für eine angemessene Ernährung, Pflege und verhaltensgerechte Unterbringung des Tieres erforderliche Kenntnisse und Fähigkeiten verfügen.

**§ 2a**

(1) Das Bundesministerium für Ernährung, Landwirtschaft und Verbraucherschutz (Bundesministerium) wird ermächtigt, durch Rechtsverordnung mit Zustimmung des Bundesrates, soweit es zum Schutz der Tiere erforderlich ist, die Anforderungen an die Haltung von Tieren nach § 2 näher zu bestimmen und dabei insbesondere Vorschriften zu erlassen über Anforderungen
1. hinsichtlich der Bewegungsmöglichkeit oder der Gemeinschaftsbedürfnisse der Tiere,
2. an Räume, Käfige, andere Behältnisse und sonstige Einrichtungen zur Unterbringung von Tieren sowie an die Beschaffenheit von Anbinde-, Fütterungs- und Tränkvorrichtungen,
3. hinsichtlich der Lichtverhältnisse und des Raumklimas bei der Unterbringung der Tiere,
4. an die Pflege einschließlich der Überwachung der Tiere; hierbei kann das Bundesministerium auch vorschreiben, dass Aufzeichnungen über die Ergebnisse der Überwachung zu machen, aufzubewahren und der zuständigen Behörde auf Verlangen vorzulegen sind,
5. an Kenntnisse und Fähigkeiten von Personen, die Tiere halten, betreuen oder zu betreuen haben und an den Nachweis dieser Kenntnisse und Fähigkeiten.

An diese, zugegeben recht allgemein formulierten Gesetzesgrundsätze des TierSchG hat sich zunächst jeder Tierhalter verbindlich zu richten. Aber anders als für viele Nutztierhaltungen wie beispielsweise von Schweinen, Hühnern und anderen bestehen für die Kaninchenhaltung in Deutschland und sogar EU-weit (Europäische Union) leider keine spezifischen Tierschutz-Nutztierhaltungsverordnungen, in denen die Haltungsbedingungen detailliert beschrieben wären.

Aus diesem Grunde wurden durch die deutsche Gruppe der World Rabbit Science Association (WRSA) bereits im Jahr 1992 erste Richtlinien zur tierschutzgerechten Kaninchenhaltung aufgestellt. Man verfolgte von Beginn an das Ziel, die deutschen Mindestanforderungen gemeinsam durch die deutsche Gruppe der WRSA und dem DLG-Ausschuss (Deutsche Landwirtschaftsgesellschaft) für Kaninchenzucht und -haltung zu verabschieden. Diese Leitlinien sollten die gemeinsamen Interessen von Wissenschaft und Beratung, praktischen Kaninchenhaltern, des ZDRK für die Rassekaninchenzucht und des Bundesverbandes der Kaninchenfleisch- und Wollerzeuger veranschaulichen, und zwar mit zwei Hauptzielen:
1. Die Definition der Mindestanforderungen an die Kaninchenhaltung zur Sicherung von Grundstandards für Haupterwerb und Hobbyhaltung.
2. Festlegung von Anhaltspunkten für die Kontrollmaßnahmen durch überwachende Behörden (z. B. Amtstierarzt).

Anfang Mai des Jahres 2009 wurden die Leitlinien zu Mindeststandards in der Hauskaninchenhaltung in der Mitgliederversammlung der deutschen Gruppe der WRSA und in der Sitzung des DLG Ausschusses für Kaninchenzucht und -haltung herausgegeben. Prinzipiell sind die Leitlinien an das deutsche Tierschutzgesetz gebunden, gehen dabei aber konkret auf die Haltung von Kaninchen ein.

**Generelle Anforderungen tierschutzkonforme Kaninchenhaltung**
- niedrige, unvermeidbare Verlustrate (Mortalität)
- unversehrte Körper und ein guter Gesundheitszustand
- weitgehend artspezifisches Verhalten der Hauskaninchen
- eine körperliche Entwicklung dem Alter und Geschlechts entsprechend
- Leistungen im Normbereich der Rasse bzw. der genetischen Herkunft

**Im Detail bedeutet dies für die Tiere**
- keine Schmerzen, keine vermeidbaren Leiden und Verletzungen, bedingt durch das Haltungssystem (Boden, Wände, Ausstattung).
- Schutz vor Ektoparasiten (zum Beispiel Mücken) und Endoparasiten (zum Beispiel Würmer).
- Versorgung mit Futter und Wasser entsprechend dem Bedarf und der altersabhängigen Entwicklung der Verdauungsfunktion.
- Schutz vor schädlichen Klimaeinflüssen (zum Beispiel zu hohe oder zu niedrige Temperatur).

- Ableitung von Gasen, Staub und pathogenen (krankmachenden) Keimen aus dem Kaninchenstall.
- Trennung der Tiere von ihren Exkrementen durch einen perforierten Boden – wo immer möglich.
- Bewirtschaftung der Haltung/des Stalles/des Abteils zumindest in zeitlichen Abständen nach dem „Alles raus–Alles rein–Prinzip" mit zwischengeschalteter Reinigung und Desinfektion.
- Anbieten von Beschäftigungsmaterial (zum Beispiel Stroh, Knabberhölzer oder bewegliche Gegenstände), um das Umfeld vor allem auf einstreuloser Aufstallung auf perforiertem Boden zu bereichern.
- Anbieten einer zweiten Haltungsebene oder alternativ einer größeren Fläche.
- Sachkundiger Umgang mit den Tieren.
- Neben diesen Mindestanforderungen muss dem Kaninchen in seiner Bucht grundsätzlich ein Liegen in ausgestreckter Körperhaltung möglich sein.
- Der Zugang zu einer ausreichenden Menge Trinkwasser muss gewährleistet sein.
- Bei Stallhaltung sollten die täglichen Dunkel- und Hellphasen jeweils acht Stunden nicht unterschreiten. Die vorgeschriebene Beleuchtungsstärke beträgt 20 Lux.

**Tab. 7** Vorgeschriebene Mindestmaße für Flächen und Höhen der Buchten

| | Mindestfläche je Tier ($cm^2$) | Mindesthöhe (cm) |
|---|---|---|
| Zuchtkaninchen bis 4 kg | 2000* / 2400 | 40/60* |
| Zuchtkaninchen bis 5,5 kg | 3000* / 3600 | 40/60* |
| Zuchtkaninchen über 5,5 kg | 4000* / 4600 | 40/60* |
| erhöhte* Ebene Zuchtkaninchen | 1000 | 25 |
| Wachsende Kaninchen<br>in Gruppen bis 5 Tiere: je Tier<br>in Gruppen bis 5 Tiere: je Tier | max. 40 kg / 10.000 $cm^2$<br>mind. 700 $cm^2$<br>mind. 600 $cm^2$ | 35 |
| Wurfboxfläche | 800 | 30 |
| Stäbe für Bodenrost Durchmesser<br>Schlitzwelle, minimal<br>Schlitzwelle, maximal | mind. 3,00 mm<br>10 mm<br>16 mm | |

Die mit * gekennzeichneten Werte gelten bei Verwendung einer erhöhten Sitzfläche, die der nutzbaren Fläche wie auch die der Wurfbox zuzurechnen sind.

**Tab. 8** Mindesthaltungsanforderungen der TVT

| | Mindestfläche je Tier ($cm^2$) | Mindesthöhe (cm) |
|---|---|---|
| Zuchtkaninchen bis 2 kg | 4500 | 50 |
| Zuchtkaninchen bis 3,25 kg | 5250 | 60 |
| Zuchtkaninchen bis 5,5 kg | 6800 | 60 |
| Zuchtkaninchen über 5,5 kg | 8800 | 70 |
| Wurfboxfläche | Zwischen 900 und 2700 | 30 |

(gemäß TVT Merkblatt 78, Stand 2009)

**Tab. 9** Mindestanforderungen der neuen Schweizer Tierschutzverordnung

| | Mindestfläche je Tier ($cm^2$) | Mindesthöhe (cm) |
|---|---|---|
| Zuchtkaninchen bis 2,3 kg | 3400 | 40 |
| Zuchtkaninchen bis 3,5 kg | 4800 | 50 |
| Zuchtkaninchen bis 5,5 kg | 7200 | 60 |
| Zuchtkaninchen über 5,5 kg | 9300 | 60 |

- Für die Schadgaskonzentration wurden folgende Maximalwerte festgelegt, die dauerhaft nicht überschritten werden dürfen: Ammoniak 20 ppm und Kohlendioxid 3000 ppm.
- Mindestens eine tägliche Kontrolle zur Überprüfung der Tiergesundheit, des Stallklimas und der Funktionstüchtigkeit von Wasser- und Futterzufuhr wird gefordert.

Die Tierärztlichen Vereinigung für Tierschutz (TVT), die im Jahre 1985 gegründet wurde mit dem Ziel der Schutzbedürftigkeit von Tieren in allen Bereichen und Belangen wie Haltung, Transport und Nutzung Rechnung zu tragen, empfiehlt Maße für Kaninchenställe, die deutlich über denen der Leitlinien des WRSA und des DLG liegen.

Auch in der Schweiz (siehe Tabelle oben) liegen die Maße höher, dort werden die Anforderungen an die Haltung von Kaninchen durch die neue Schweizer Tierschutzverordnung geregelt, die seit dem 1. September 2008 gilt.

## Haltungsarten

Zunächst sollte man sich darüber klar werden, was man hinsichtlich der Kaninchenhaltung und -zucht überhaupt vorhat. Ausschlaggebend dabei sind der gewünschte **Nutzungszweck** und der geplante **Umfang**, also die Anzahl der Tiere, die man halten möchte. Weiterhin müssen bei der Entscheidung Faktoren mitberücksichtigt werden wie der zur Verfügung stehende **Platz** und die **Klimabedingungen** am Ort. Auch die gewünschte **Kaninchenrasse**, sprich die Größe der Tiere, ist bei der Entscheidung für die Haltungsform von Bedeutung. Dann erst kann man sich für die sinnvollste und für sich umsetzbare Haltungsform entscheiden.

Bei der Freilandhaltung sind Witterungs- und Sonnenschutz wichtig und werden von den Kaninchen auch gerne genutzt.

Mobile Freigehege bieten optimalen Schutz und können immer wieder auf frisches Grün umgesetzt werden.

**Freiland- oder Gehegehaltung**

Die Freiland- oder Gehegehaltung ist die ursprünglichste Form der Kaninchenhaltung und sie kommt am meisten der natürlichen Lebensweise der Kaninchen nahe. Bereits im Alten Rom wurde die Gehegehaltung genutzt und sie war auch im Mittelalter weit verbreitet.

Als Gehege wird eine mehr als 6 qm große, umzäunte Fläche, die ganz oder überwiegend außerhalb von Gebäuden liegt, bezeichnet. Die **empfohlene Fläche** pro Tier liegt zwischen 3 und 5 qm. Die Kaninchen werden dabei in einer Gruppe unter sogenannten seminatürlichen Bedingungen gehalten. Hierunter versteht man eine möglichst artgemäße Haltung unter menschlicher Obhut.

Bei diesem Haltungssystem ist das Umfeld der Tiere so naturnah wie möglich zu gestalten, damit die Tiere ihre **typischen Verhaltensweisen** weitgehend ausleben können. Dies gilt vor allem für das **Sozialverhalten** und die **Nahrungsaufnahme**.

**Schutzeinrichtungen**

Um die Tiere vor Witterungseinflüssen und Raubtieren zu schützen, müssen die Gehege mit entsprechenden Einrichtungen versehen werden. So können als **Unterschlupfmöglichkeiten** sowohl Utensilien aus der Natur als auch manuell gefertigte Konstruktionen dienen. Zweckmäßige Ställe und künstliche Sonnendächer bieten ebenso Schutz wie Erdaufschüttungen, Stroh- oder Heuballen und ausgehöhlte Baumstämme.

Vorrangig dabei ist die Zweckmäßigkeit, das heißt, im Sommer sollten sie als kühler Schattenplatz dienen und im Winter vor Kälte und Nässe schützen. Daneben sollte unbedingt auch an **Fütterungs-** und gegebenenfalls **Wurfplätze** für die Tiere gedacht werden.

### Stationär oder mobil

Ein stationäres Gehege sollte möglichst massiv gebaut, also mit einer Abdeckung versehen sein und der Außendraht sollte mindestens einen halben Meter tief in den Boden reichen.

Mobile Gehege sollten in erster Linie leicht zu versetzen sein. Daher ist unbedingt auf ein geringes Gewicht der Konstruktion zu achten. Auch fahrbare Gehege haben sich bewährt. Zudem sollten die **Gitter** mindestens einen Meter hoch sein hoch genug sein, damit die Tiere sie nicht überspringen können. Die **Maschenweite** sollte generell nicht zu groß gewählt werden, was erfahrungsgemäß bei den handelsüblichen Elektronetzzäunen oft der Fall ist. Andernfalls können sich kleinere Tiere oder Jungtiere hindurchzwängen oder Raubtiere von außen in das Gehege eindringen.

### Hygiene

Ein feststehendes Gehege muss routinemäßig gründlich gereinigt werden. Das heißt, in regelmäßigen Abständen sollte entweder das gesamte obere Erdreich erneuert werden oder man lässt das Gelände mehrere Monate ohne Kaninchenbesatz ruhen, um Krankheitserregern den Nährboden zu entziehen. Alternativ hierzu ist eine geeignete **Desinfektion** beispielsweise mit **Branntkalk** möglich. Bei den versetzbaren Gehegen das hygienische Risiko wesentlich niedriger als bei den feststehenden Gehegen.

**Hinweis**

Für Kaninchenliebhaber, die sich für alternative Haltungsformen interessieren, gibt es die Möglichkeit, sich im Internet über aktuelle Projekte zum Thema Freilandhaltung in Deutschland und in der Schweiz zu informieren. Hierzu zählen das schweizerische Projekt von „KAGfreiland“ und das deutsche Projekt „Freilandkaninchen“. Interessante Hinweise zu biologischer Kaninchenhaltung bieten „Bioland“ und „Bio-Suisse“. Auch dazu gibt es Erfahrungsberichte.

### Vor- und Nachteile der Freilandhaltung

Die Freilandhaltung von Kaninchen ist zweifelsohne nicht nur schön anzuschauen. Sie ist weniger arbeits- und investitionskostenintensiv. Die Tiere zeigen auch eine höhere Widerstandsfähigkeit und arteigene Verhaltensweisen.

Doch Freilandhaltung bringt auch Probleme mit sich. Hierbei wiegt der Faktor schwierigeren Betreuung und Kontrolle der einzelnen Tiere besonders schwer. Gesundheitliche Probleme wie eine verminderte Futteraufnahme eines einzelnen Kaninchens, eine Krankheit oder eine Verletzung bemerkt der Halter allzu leicht überhaupt nicht oder zu spät.

Die **Ansteckungsgefahr** der Tiere untereinander, aber auch durch etwaige Wildkaninchen in der Umgebung, sowie die Übertragung von Krankheiten durch Insekten oder Schadnager ist ungleich höher als bei der Einzelhaltung in Stallungen.

Dazu kommt es bei der Freilandhaltung vor allem durch die Ausscheidungen der Tiere zu einer **Keimanreicherung des Bodens**. Wissenschaftlichen Berichten zufolge sind die erschwerte Möglichkeit der Reinigung und der damit verbundene Infektionsdruck die häufigsten Auslöser für die oft sehr hohe Morbidität (Krankheitshäufigkeit) und Mortalität (Sterblichkeit) von Kaninchen in Freilandhaltung. Oft verenden die Tiere an ansteckenden Darmerkrankungen wie beispielsweise Kokzidiose.

Daneben können die Tiere verwildern oder bei Rangordnungskämpfen schwer verletzt werden. Das Risiko, dass es vermehrt zu ängstlichen, verschmutzten und verfilzten Tiere im Freiland kommt, ist ebenfalls höher.

#### Konsequenzen für den Züchter

Für die zielgerichtete Rassekaninchenzucht ist die Freilandgehegehaltung kaum geeignet, zumal dort eine kontrollierte Verpaarung und Nachzucht mit wenigen Verlusten unter den Jungtieren kaum möglich erscheint.

Doch für die Aufzucht gleichgeschlechtlicher Jungtiere, die nicht für Ausstellungen oder die Zucht bestimmt sind und die Haltung von Muttertieren außerhalb der Zuchtphase, kann durchaus Gehegehaltung gewählt werden.

Besonders aber in der reinen Hobbyhaltung mit meist kleinen Tierbeständen ist sie bei entsprechenden Möglichkeiten oft die Haltungsform der Wahl oder eine Alternative zur Stallhaltung, vielleicht auch nur zeitweise, zum Beispiel im Sommer.

### Bodenhaltung

Bei der Bodenhaltung werden die Kaninchen in mehr oder weniger großen Gruppen mit meist zwanzig bis dreißig Tieren, in Boxen auf Einstreu oder Rosten gehalten. Ehemalige Pferdeboxen oder Schweinställe werden hierzu gerne verwendet.

Besonders gut geeignet ist diese Form der Haltung für die Aufzucht von Jungtieren bis zur Geschlechtsreife. Bei der Bodenhaltung ergeben sich ansonsten ähnliche Vor- und Nachteile wie bei der Gehegehaltung. Grundsätzlich ist dabei aber zu berücksichtigen, dass pro Tier rund doppelt so viel Platz zur Verfügung gestellt werden muss wie bei der Käfighaltung.

Bodenhaltung gibt den Kaninchen viel Bewegungsspielraum und eignet sich gut zur Aufzucht von Jungtieren.

## Stallanlagen

Die bei uns am weitesten verbreitete Form der Kaninchenhaltung ist die Stall- oder Käfighaltung, und zwar überwiegend in der Rassekaninchenzucht und wirtschaftlich orientierten Haltungen (Mastbetrieben). Dabei unterscheidet man zwischen Außenstall- und Innenstallhaltung, abhängig von der jeweiligen Nutzungsabsicht und den räumlichen Möglichkeiten, die zur Verfügung stehen.

Unabhängig davon sollte die Stallanlage immer einen geeigneten Schutz vor jeglichen Witterungseinflüssen wie Hitze, Regen, Zugluft, Ungeziefer und Stallräubern bieten. Außerdem müssen natürlich ein gesundes Stallklima und die stallbaulichen hygienischen und größenmäßigen Vorausetzungen gegeben sein, um den tierschutzrechtlichen Forderungen gerecht zu werden.

### Außenstall

Er ist für unsere Rassekaninchenzucht und Hobbyhaltungen eine sehr beliebte und überaus geeignete Form der Unterbringung, hat man doch oft gute Möglichkeiten, seine Stallanlage in die Gegebenheiten des Gartens oder Hofes harmonisch zu integrieren.

Da die Außenstallanlagen aber unmittelbar den **Witterungseinflüssen** der Jahreszeiten ausgesetzt sind, sollten vor Baubeginn einige wichtige Dinge beachtet werden. Die Stallfront sollte, soweit machbar, möglichst nach Osten oder Süd-Osten ausgerichtet sein, um die vorteilhaften Strahlen der Morgensonne auszunutzen. Auch die sengende Mittagssonne im Sommer wird durch diese Ausrichtung

Stallanlagen lassen sich sehr schön in den Garten und die Natur einbinden.

gemildert. Vorteilhaft sind in diesem Zusammenhang schattenspendende Bäume oder die Bepflanzung der Anlage mit Klettergewächsen.

### Innenstall

Die gewerbliche Tierhaltung nutzt nahezu ausschließlich die Innenstallhaltung. Anders als in unseren Hobbyzuchten werden hier die Kaninchen meist in langen 1-etagigen Käfigreihen (Flatdeck-Käfige) nebeneinander gehalten. Aber auch in der Hobbyhaltung und Rassekaninchenzucht sehen viele Züchter die Vorteile einer Innenstallhaltung. Hierzu zählen vor allem die geringere Anfälligkeit der Innenstallungen gegen Witterungseinflüsse. Im Gegenzug ist aber ein leistungsfähiges **Lüftungssystem** nötig, um ein gutes Stallklima zu gewährleisten. Dies kann in Form von Entlüftungssysteme geschehen, wie kippbare Fenster, Luftklappen unter der Decke, Ventilatoren oder sogar professionelle Klima- und Lüftungsanlagen.

### Stallbauweisen

Man unterscheidet prinzipiell zwischen den verwendeten Baugrundmaterialien und der Bauweise. Bei den meisten in der Rassenkanin-

Gut strukturierte und gepflegte Innenstallanlage, bei der die Lüftung in die Decke intergriert ist.

chenzucht verwendeten Unterkünften handelt es sich um Stallbuchten aus **Holz**. Dieses Material hat den Vorteil, dass es „atmet", das heißt es nimmt stetig Feuchtigkeit auf und gibt sie wieder ab, es arbeitet wie eine kleine Klimaanlage und sorgt für eine gleichmäßig angenehme Umgebung, indem es Schwankungen in der Luftfeuchtigkeit reguliert.

Für Ställe im Freien sind am besten wetterbeständige Außensperrholzplatten oder absolut wasserfeste Mobilplex-**Siebdruckplatten** geeignet. Für Innenställe genügen Spannplatten oder Innensperrholz. Auch Harthölzer wie Buche, Kirsche oder sogar Eiche werden bevorzugt für den Stallbau eingesetzt.

Diese 3-etagige Außenstallanlage wurde aus witterungsbeständigen Siebdruckplatten gebaut.

**Tipp**
Damit das im Stall verwendete Holz nicht verwittert, angefressen wird oder durch Feuchtigkeit zu Faulen beginnt, bedarf es einer regelmäßigen Behandlung und Instandhaltung. Beim Anstreichen ist unbedingt auf giftfreie und offenporige Farbe zu achten!

Gemauerte **Betonställe** oder solche aus Betonfertigteilen sind meist noch robuster und verlangen nur einen geringen Pflegeaufwand. Eine **Regulierung der Luftfeuchtigkeit** durch das Material selbst wie bei Holzställen gibt es in diesem Fall hingegen nicht.

Metallkäfige werden überwiegend in Kaninchenmastbetrieben eingesetzt, meist 1-etagig, Flatdeck-Käfige genannt. Sie sind sehr gut zu reinigen, allerdings sie meist weniger schön anzuschauen.

In der Rassekaninchenzucht finden sich wegen der schlechten Raumausnutzung 1-etagige Haltungssysteme eher als Ausnahme. Hier nutzt man meist 3-etagige Stallanlagen.

## Haltungssysteme und Einrichtungen

Bei der Stall- oder Käfighaltung wird zwischen verschiedenen Haltungssysteme unterschieden. Auch hier entscheidet meist die gewünschte Nutzung der Kaninchen über die Wahl der Einrichtungen.

### Einstreu

Die natürlichste Form ist die Haltung der Tiere auf Einstreu. Vielfach haben sich hierbei Stroh, zum Beispiel Weizen-, Gerste- oder Haferstroh, aber auch staubfreie Holzspäne bewährt. Daneben werden ge-

Vorschriftsmäßig ausgeführte Stanzgitterböden sind relativ teuer in der Anschaffung, aber bei weitem die hygienischste Art, den Kaninchenstall auszustatten.

häckseltes Stroh oder Strohpellets gern als Unterlage verwendet. Für mich ist es immer wieder schön anzuschauen, wenn die Tiere nach dem Misten am frischen Stroh in ihren Buchten knabbern.

Doch dieser Anblick kann darüber hinweg trügen, dass bei Haltung auf Einstreu eine wesentlich höhere Infektionsgefahr besteht als bei anderen. Häufig ist auch der **Arbeitsaufwand beim Reinigen** höher sowie die Menge des angefallenen Mistes, der entsorgt werden muss. Andererseits fühlen sich die Tiere in eingestreuten Ställen besonders wohl.

### Gitterböden

Heutzutage weit verbreitet ist die Haltung auf Gitterböden, bei denen die Exkremente direkt in eine dafür vorgesehene **Kotwanne** fallen. Dieses Haltungssystem ist mit Sicherheit das am meisten hygienische. Nebenbei zeichnet es sich noch durch eine hohe Arbeitsproduktivität und dem Anfall von vergleichsweise wenig Mist aus.

Dem gegenüber stehen die **hohen Anschaffungskosten**. Entschließt man sich, seine Kaninchen auf Gitterböden zu halten, sollte man unbedingt darauf achten, dass es sich um eine vorschriftsmäßige Variante handelt (siehe Tabelle Seite 128 der WRSA für Mindestanforderungen). Sonst riskiert man bei den Tieren Verletzungen und wunde Läufe. Besonders zu empfehlen sind verzinkte, umrandete Stanzgitterböden mit einer Maschenweite von 15 x 15 mm und einer Stärke von 2,5 mm. Sie sind leicht zu reinigen und bieten den Kaninchen den besten Halt und Auftritt.

### Fütterungseinrichtungen

Bei diesen Einrichtungsgegenständen unterscheidet man zwischen Vorrichtungen für Kraft- und Mischfutter wie Pellets und Getreide, und verschiedene Arten von Grobfuttereinrichtungen zum Beispiel für Heu oder Grünfutter.

### Näpfe

Zur Gabe von Mischfutter bietet der Zuchtbedarfshandel eine Vielzahl unterschiedlicher Töpfe und Gefäße aus den verschiedensten Materialien an. In jedem Fall sollten sie **standfest** sein, sodass sie nicht umgeworfen oder „verschleppt" werden können.

Alternativ gibt es **Steingutnäpfe** in allen Größen. Hierbei ist darauf zu achten, dass man glasierte Näpfe erwirbt, weil sie besser zu reinigen sind als solche ohne Glasur. Auch **Edelstahlnäpfe** oder mit Metall umrandete Hartkunststoffnäpfe, die an der Buchtenwand oder am Türdraht angebracht werden können, sind bei vielen Züchtern beliebt. Damit die Jungtiere nicht hineinspringen, sollte man solche **Futternäpfe** möglichst **hoch anbringen**.

Von einfachen Plastiknäpfen ist eher abzuraten. Diese werden häufig von den Tieren angefressen, was sicherlich der Gesundheit nicht zuträglich ist.

Für Ställe mit großem Besatz eignen sich wegen ihrer großen Füllmenge **Futterautomaten** aus Kunststoff oder verzinktem Blech besonders gut. Auch Schwenkfutternäpfe mit oder ohne Aufsätze, welche von außen durch den Türdraht montiert werden, sind in einem solchen Fall empfehlenswert.

**Tipp**

Sehr nützlich sind Näpfe mit einer sogenannten Rauskratzsperre. Diese verhindert, dass das Futter nicht unnötig aus den Näpfen gescharrt wird.

### Raufen

Zur Grobfuttergabe werden üblicherweise Heuraufen verwendet, die in verschiedenen Größen, Materialien und Modellen angeboten werden. Heuraufen sind eine sinnvolle Einrichtung, damit das Grünfutter oder Heu nicht auf den Stallboden gelegt werden muss und somit verunreinigt wird.

Sehr praktisch sind die sogenannten Türschlussraufen. Es sind halbrunde Raufen, bei denen die Öffnung vorne so angebracht ist, dass sie beim Verschließen der Tür ebenfalls geschlossen wird. Bei dieser Variante können keine Tiere in die Raufe springen und sich dabei verletzen.

Generell sollten die Raufen aber möglichst seitlich an der Stallwand angebracht werden, um Buchten nicht unnötig zu verdunkeln.

### Tränken

Von der herkömmlichen Wassergabe über ein auf dem Stallboden stehendes Wassergefäß ist abzuraten, da dieses Wasser im Napf sehr schnell verunreinigt wird. Außerdem werden die Tiere und der Stallboden leicht nass. Besser sind **aufgehängte Wasserquellen**.

Die verschiedensten Arten von Tränken zur Befestigung an der Stalltür mit einer Saug- oder Nippelvorrichtung sind in der Rassekaninchenzucht weit verbreitet. Ursprünglich wurden Tränkflaschen aus Glas oder Plastik mit Edelstahl- oder Glassaugröhrchen verwendet. Diese waren jedoch oft umständlich aufzufüllen und leicht zerbrechlich.

Später hielten die moderneren, sogenannten Nippeltränken Einzug in viele Stallanlagen. Bei diesen ist an einem gewinkelten Trinkröhrchen eine Art doppeltes Kugel- oder Rücklaufventil befestigt, welches das Nachtropfen verhindern soll. Meist sind diese Nippeltränken mit einem viereckigen Wasservorratsbehälter mit einem halben oder einem Liter Fassungsvermögen erhältlich. Man nennt sie deshalb oft nur Vierkantflaschen.

**Tipp**

Sinnvoll ist es, als Trinkflaschen ein orangefarbenes oder braunes Modell zu wählen, denn bei transparenten Flaschen bilden sich durch die Lichtdurchlässigkeit leichter Algen im Wasser.

Solche Flaschen besitzen oft einen Klapp- oder Schiebedeckel und lassen sich deshalb leicht mit einer Gießkanne befüllen. Auch ist häufig eine Reinigung in der Spülmaschine möglich.

In Mastbetrieben werden fast immer automatische Tränkanlagen installiert, hin- und wieder aber auch in Rassekaninchenzuchten. Diese **Selbsttränkanlagen** sind sicherlich die effektivsten, weil am meisten zeitsparend. Dennoch müssen sie besonders intensiv kontrolliert und gewartet werden.

# Serviceseiten

**Tab. 10** Gewichtstabelle der Kaninchenrassen lt. ZDRK Standard

| Rasse | Staffelung nach Gewicht und Punkten Berechnung nach Kilogramm | | | | | | zulässiges Höchstgewicht |
|---|---|---|---|---|---|---|---|
| Normalhaarrassen | | | | | | | |
| 1. Deutsche Riesen, grau | 5,50–6,00 | bis 6,25 | bis 6,50 | bis 6,75 | bis 7,00 | über 7,00 | 11,5 kg |
| | 15 | 16 | 17 | 18 | 19 | 20 | |
| 2. Deutsche Riesen, weiß | 5,00-5,50 | bis 5,75 | bis 6,0 | bis 6,25 | bis 6,50 | über 6,50 | 11,5 kg |
| | 15 | 16 | 17 | 18 | 19 | 20 | |
| 3. Deutsche Riesenschecken | 5,00 | bis 5,25 | bis 5,50 | bis 5,75 | bis 6,00 | über 6,00 | 10,5 kg |
| | 15 | 16 | 17 | 18 | 19 | 20 | |
| 4. Deutsche Widder | 4,50 | bis 4,75 | bis 5,00 | bis 5,25 | bis 5,50 | über 5,50 | 9,00 kg |
| | 15 | 16 | 17 | 18 | 19 | 20 | |
| 5. Meißner Widder | 3,50 | bis 3,75 | bis 4,00 | bis 4,25 | bis 4,50 | über 4,50 | 5,50 kg |
| | 15 | 16 | 17 | 18 | 19 | 20 | |
| 6. Helle Großsilber | 3,50 | bis 3,75 | bis 4,00 | bis 4,25 | bis 4,50 | über 4,50 | 5,50 kg |
| | 15 | 16 | 17 | 18 | 19 | 20 | |
| 7. Großchinchilla | 3,50 | bis 3,75 | bis 4,00 | bis 4,25 | bis 4,50 | über 4,50 | 5,50 kg |
| | 15 | 16 | 17 | 18 | 19 | 20 | |
| 8. Mecklenburger Schecken | 3,50 | bis 3,75 | bis 4,00 | bis 4,25 | bis 4,50 | über 4,50 | 5,50 kg |
| | 15 | 16 | 17 | 18 | 19 | 20 | |
| 9. Englische Widder | 3,25 | bis 3,50 | bis 3,75 | bis 4,00 | bis 4,25 | über 4,25 | 5,25 kg |
| | 15 | 16 | 17 | 18 | 19 | 20 | |
| 10. Deutsche Großsilber | 3,25 | bis 3,50 | bis 3,75 | bis 4,00 | bis 4,25 | über 4,25 | 5,25 kg |
| | 15 | 16 | 17 | 18 | 19 | 20 | |
| 11. Burgunder | 3,25 | bis 3,50 | bis 3,75 | bis 4,00 | bis 4,25 | über 4,25 | 5,25 kg |
| | 15 | 16 | 17 | 18 | 19 | 20 | |
| 12. Blaue Wiener | 3,25 | bis 3,50 | bis 3,75 | bis 4,00 | bis 4,25 | über 4,25 | 5,25 kg |
| | 15 | 16 | 17 | 18 | 19 | 20 | |

**Tab. 10 (Fortsetzung)** Gewichtstabelle der Kaninchenrassen lt. ZDRK Standard

| Rasse | Staffelung nach Gewicht und Punkten Berechnung nach Kilogramm | | | | | | zulässiges Höchstgewicht |
|---|---|---|---|---|---|---|---|
| Normalhaarrassen | | | | | | | |
| 13. Blaugraue Wiener | 3,25 | bis 3,50 | bis 3,75 | bis 4,00 | bis 4,25 | über 4,25 | 5,25 kg |
| | 15 | 16 | 17 | 18 | 19 | 20 | |
| 14. Schwarze Wiener | 3,25 | bis 3,50 | bis 3,75 | bis 4,00 | bis 4,25 | über 4,25 | 5,25 kg |
| | 15 | 16 | 17 | 18 | 19 | 20 | |
| 15. Weiße Wiener | 3,00 | bis 3,25 | bis 3,50 | bis 3,75 | bis 4,00 | über 4,00 | 5,00 kg |
| | 15 | 16 | 17 | 18 | 19 | 20 | |
| 16. Graue Wiener | 3,00 | bis 3,25 | bis 3,50 | bis 3,75 | bis 4,00 | über 4,00 | 5,00 kg |
| | 15 | 16 | 17 | 18 | 19 | 20 | |
| 17. Weiße Hotot | 3,00 | bis 3,25 | bis 3,50 | bis 3,75 | bis 4,00 | über 4,00 | 5,00 kg |
| | 15 | 16 | 17 | 18 | 19 | 20 | |
| 18. Rote Neuseeländer | 3,00 | bis 3,25 | bis 3,50 | bis 3,75 | bis 4,00 | über 4,00 | 5,00 kg |
| | 15 | 16 | 17 | 18 | 19 | 20 | |
| 19. Weiße Neuseeländer | 3,00 | bis 3,25 | bis 3,50 | bis 3,75 | bis 4,00 | über 4,00 | 5,00 kg |
| | 15 | 16 | 17 | 18 | 19 | 20 | |
| 20. Große Marderkaninchen | 3,00 | bis 3,25 | bis 3,50 | bis 3,75 | bis 4,00 | über 4,00 | 5,00 kg |
| | 15 | 16 | 17 | 18 | 19 | 20 | |
| 21. Kalifornier | 3,00 | bis 3,25 | bis 3,50 | bis 3,75 | bis 4,00 | über 4,00 | 5,00 kg |
| | 15 | 16 | 17 | 18 | 19 | 20 | |
| 22. Japaner | 2,75 | bis 3,00 | bis 3,25 | bis 3,50 | bis 3,75 | über 3,75 | 4,50 kg |
| | 15 | 16 | 17 | 18 | 19 | 20 | |
| 23. Rheinische Schecken | 2,75 | bis 3,00 | bis 3,25 | bis 3,50 | bis 3,75 | über 3,75 | 4,50 kg |
| | 15 | 16 | 17 | 18 | 19 | 20 | |
| 24. Thüringer | 2,50 | bis 2,75 | bis 3,00 | bis 3,25 | bis 3,50 | über 3,50 | 4,25 kg |
| | 15 | 16 | 17 | 18 | 19 | 20 | |
| 25. Weißgrannen | 2,50 | bis 2,75 | bis 3,00 | bis 3,25 | bis 3,50 | über 3,50 | 4,25 kg |
| | 15 | 16 | 17 | 18 | 19 | 20 | |

**Tab. 10 (Fortsetzung)** Gewichtstabelle der Kaninchenrassen lt. ZDRK Standard

| Rasse | Staffelung nach Gewicht und Punkten Berechnung nach Kilogramm | | | | | | zulässiges Höchstgewicht |
|---|---|---|---|---|---|---|---|
| Normalhaarrassen | | | | | | | |
| 26. Hasen-kaninchen | 2,50 | bis 2,75 | bis 3,00 | bis 3,25 | bis 3,50 | über 3,50 | 4,25 kg |
| | 15 | 16 | 17 | 18 | 19 | 20 | |
| 27. Alaska | 2,50 | bis 2,75 | bis 3,00 | bis 3,25 | bis 3,50 | über 3,50 | 4,25 kg |
| | 15 | 16 | 17 | 18 | 19 | 20 | |
| 28. Havanna | 2,50 | bis 2,75 | bis 3,00 | bis 3,25 | bis 3,50 | über 3,50 | 4,25 kg |
| | 15 | 16 | 17 | 18 | 19 | 20 | |
| 29. Kleinschecken | 2,25 | bis 2,50 | bis 2,75 | bis 2,875 | bis 3,00 | über 3,00 | 3,75 kg |
| | 15 | 16 | 17 | 18 | 19 | 20 | |
| 30. Separator | 2,25 | bis 2,50 | bis 2,75 | bis 2,875 | bis 3,00 | über 3,00 | 3,75 kg |
| | 15 | 16 | 17 | 18 | 19 | 20 | |
| 31. Deutsche Kleinwidder | 2,25 | bis 2,50 | bis 2,75 | bis 2,875 | bis 3,00 | über 3,00 | 3,50 kg |
| | 15 | 16 | 17 | 18 | 19 | 20 | |
| 32. Kleinchinchilla | 2,25 | bis 2,375 | bis 2,5 | bis 2,625 | bis 2,75 | über 2,75 | 3,25 kg |
| | 15 | 16 | 17 | 18 | 19 | 20 | |
| 33. Deilenaar | 2,25 | bis 2,375 | bis 2,5 | bis 2,625 | bis 2,75 | über 2,75 | 3,25 kg |
| | 15 | 16 | 17 | 18 | 19 | 20 | |
| 34. Marburger | 2,25 | bis 2,375 | bis 2,5 | bis 2,625 | bis 2,75 | über 2,75 | 3,25 kg |
| | 15 | 16 | 17 | 18 | 19 | 20 | |
| 35. Sachsengold | 2,25 | bis 2,375 | bis 2,5 | bis 2,625 | bis 2,75 | über 2,5 | 3,25 kg |
| | 15 | 16 | 17 | 18 | 19 | 20 | |
| 36. Rhönkaninchen | 2,25 | bis 2,375 | bis 2,5 | bis 2,625 | bis 2,75 | über 2,75 | 3,25 kg |
| | 15 | 16 | 17 | 18 | 19 | 20 | |
| 37. Luxkaninchen | 2,00 | bis 2,125 | bis 2,25 | bis 2,375 | bis 2,50 | über 2,50 | 3,25 kg |
| | 15 | 16 | 17 | 18 | 19 | 20 | |
| 38. Perlfeh | 2,00 | bis 2,125 | bis 2,25 | bis 2,375 | bis 2,50 | über 2,50 | 3,25 kg |
| | 15 | 16 | 17 | 18 | 19 | 20 | |

**Tab. 10 (Fortsetzung)** Gewichtstabelle der Kaninchenrassen lt. ZDRK Standard

| Rasse | Staffelung nach Gewicht und Punkten Berechnung nach Kilogramm | | | | | | | zulässiges Höchstgewicht |
|---|---|---|---|---|---|---|---|---|
| **Normalhaarrassen** | | | | | | | | |
| 39. Kleinsilber | 2,00 | bis 2,125 | bis 2,25 | bis 2,375 | bis 2,50 | über 2,50 | | 3,25 kg |
| | 15 | 16 | 17 | 18 | 19 | 20 | | |
| 40. Englische Schecken | 2,00 | bis 2,125 | bis 2,25 | bis 2,375 | bis 2,50 | über 2,50 | | 3,25 kg |
| | 15 | 16 | 17 | 18 | 19 | 20 | | |
| 41. Holländer | 2,00 | bis 2,125 | bis 2,25 | bis 2,375 | bis 2,50 | über 2,50 | | 3,25 kg |
| | 15 | 16 | 17 | 18 | 19 | 20 | | |
| 42. Lohkaninchen | 2,00 | bis 2,125 | bis 2,25 | bis 2,375 | bis 2,50 | über 2,50 | | 3,25 kg |
| | 15 | 16 | 17 | 18 | 19 | 20 | | |
| 43. Marderkaninchen | 2,00 | bis 2,125 | bis 2,25 | bis 2,375 | bis 2,50 | über 2,50 | | 3,25 kg |
| | 15 | 16 | 17 | 18 | 19 | 20 | | |
| 44. Siamesen | 2,00 | bis 2,125 | bis 2,25 | bis 2,375 | bis 2,50 | über 2,50 | | 3,25 kg |
| | 15 | 16 | 17 | 18 | 19 | 20 | | |
| 45. Schwarzgrannen | 2,00 | bis 2,125 | bis 2,25 | bis 2,375 | bis 2,50 | über 2,50 | | 3,25 kg |
| | 15 | 16 | 17 | 18 | 19 | 20 | | |
| 46. Russen | 1,75 | bis 1,875 | bis 2,00 | bis 2,125 | bis 2,25 | über 2,25 | | 3,00 kg |
| | 15 | 16 | 17 | 18 | 19 | 20 | | |
| 47. Kastanienbraune Lothringer | 1,50 | bis 1,65 | bis 1,80 | bis 1,90 | bis 2,00 | über 2,00 | | 2,50 kg |
| | 15 | 16 | 17 | 18 | 19 | 20 | | |
| 48. Zwergwidder | 1,20 | bis 1,30 | bis 1,40 | bis 1,50 | bis 1,90 | bis 2,00 | | 2,00 kg |
| | 16 | 17 | 18 | 19 | 20 | 19 | | |
| 49. Zwergschecken | 1,20 | bis 1,25 | bis 1,30 | bis 1,35 | bis 1,40 | bis 1,80 | bis 1,90 | 1,90 kg |
| | 15 | 16 | 17 | 18 | 19 | 20 | 19 | |
| 50. Hermelin | 1,00 | 1,05 | 1,10 | bis 1,35 | bis 1,40 | bis 1,45 | bis 1,50 | 1,50 kg |
| | 17 | 18 | 19 | 20 | 19 | 20 | 17 | |
| 51. Farbenzwerge | 1,00 | 1,05 | 1,10 | bis 1,35 | bis 1,40 | bis 1,45 | bis 1,50 | 1,50 kg |
| | 17 | 18 | 19 | 20 | 19 | 20 | 17 | |

**Tab. 10 (Fortsetzung)** Gewichtstabelle der Kaninchenrassen lt. ZDRK Standard

| Rasse | Staffelung nach Gewicht und Punkten<br>Berechnung nach Kilogramm | | | | | | | zulässiges Höchstgewicht |
|---|---|---|---|---|---|---|---|---|
| Haarstrukturrassen – Satin: S-Elfenbein, S-Schwarz, S-Blau, S-Havana, S-Rot, S-Feh, S-Kalifonier, S-Hasenfarbig, S-Thüringen, S-Chinchilla, S-Siamesen, S-Castor, S-Lux | | | | | | | | |
| 52.–64. Satin | 2,50 | bis 2,65 | bis 2,80 | bis 3,00 | bis 3,25 | über 3,25 | | 4,00 kg |
| | 15 | 16 | 17 | 18 | 19 | 20 | | |
| Kurzhaarrassen | a) Chin-, Blau-, Weiß-, Dreifarben-Schecken-, Dalmatiner-, Gelb-, Castor-, Schwarz-, Havanna-, Blaugraue und Rhön-Rexe | | | | | | | |
| 65.–75. Rexe | 2,50 | bis 2,75 | bis 3,00 | bis 3,25 | bis 3,50 | über 3,50 | | 4,50 kg |
| | 15 | 16 | 17 | 18 | 19 | 20 | | |
| | b) Feh-, Lux-, Loh-, Marder- und Russenrexe | | | | | | | |
| 76.–80. Rexe | 2,375 | bis 2,50 | bis 2,65 | bis 2,75 | bis 3,00 | über 3,00 | | 4,00 kg |
| | 15 | 16 | 17 | 18 | 19 | 20 | | |
| 81. Zwergrexe | 1,00 | bis 1,10 | bis 1,20 | bis 1,40 | bis 1,45 | bis 1,50 | > 1,50 | 1,60 kg |
| | 17 | 18 | 19 | 20 | 19 | 18 | 17 | |
| Langhaarrassen | | | | | | | | |
| 82. Angora,weiß | 2,50 | bis 2,75 | bis 3,00 | bis 3,25 | bis 3,50 | über 3,50 | | 5,25 kg |
| | 15 | 16 | 17 | 18 | 19 | 20 | | |
| 83. Angora, farbig | 2,50 | bis 2,75 | bis 3,00 | bis 3,25 | bis 3,50 | über 3,50 | | 5,25 kg |
| | 15 | 16 | 17 | 18 | 19 | 20 | | |
| 84. Fuchskaninchen, farbig | 2,50 | bis 2,625 | bis 2,75 | bis 2,875 | bis 3,00 | über 3,00 | | 4,00 kg |
| | 15 | 16 | 17 | 18 | 19 | 20 | | |
| 85. Fuchskaninchen, weiß | 2,50 | bis 2,625 | bis 2,75 | bis 2,875 | bis 3,00 | über 3,00 | | 4,00 kg |
| | 15 | 16 | 17 | 18 | 19 | 20 | | |
| 86. Jamora | 1,50 | 1,625 | bis 1,75 | bis 1,875 | bis 2,00 | über 2,00 | | 2,50 kg |
| | 15 | 16 | 17 | 18 | 19 | 20 | | |
| 87. Zwergfuchskaninchen, farbig | 1,00 | bis 1,05 | bis 1,10 | bis 1,35 | bis 1,40 | bis 1,45 | bis 1,50 | 1,50 kg |
| | 17 | 18 | 19 | 20 | 19 | 18 | 17 | |
| 88. Zwergfuchskaninchen, weiß | 1,00 | bis 1,05 | bis 1,10 | bis 1,35 | bis 1,40 | bis 1,45 | bis 1,50 | 1,50 kg |
| | 17 | 18 | 19 | 20 | 19 | 18 | 17 | |

## Literatur

Petra Ahrens, Regina Kuhn, Fridhelm Volk: Fotobuch Kaninchen. Verlag Eugen Ulmer, Stuttgart 2007.

Petra Ahrens, Josef Wolters: Taschenatlas Kaninchen. Verlag Eugen Ulmer, Stuttgart 2006.

Karl Dorn: Rassekaninchenzucht. Verlag Neumann-Neudamm, 1991, vergriffen.

Heidrun Enigk: Kaninchenvererbung. Verlag Oertel & Spoerer, Reutlingen 2004.

Peter Grün: Kaninchen halten. Verlag Eugen Ulmer, Stuttgart 1999.

Prof. Dr. Steffen Hoy: Leitlinien zur tierschutzgerechten Kaninchenhaltung in Deutschland. Justus-Liebig-Universität Gießen.

Willi Lackenbauer: Kaninchenfütterung: Tiergerecht – naturnah – wirtschaftlich. Verlag Oertel & Spörer, Reutlingen 2009.

Ulrich Reber: Kaninchenhaltung, Verlag Oertel & Spörer, Reutlingen 2008.

Wolfgang Schlolaut (Hrsg.): Das große Buch vom Kaninchen. DLG-Verlag, Frankfurt 2003.

Wolfgang Schlolaut: Kaninchen – die missverstandenen Haustiere. Lehrschrift für Kaninchenzuchtvereine Ausgabe 63.

Sven Seim: Kaninchen, Verlag Eugen Ulmer, Stuttgart 2007.

Lothar Thormann: Kaninchen pflegen, züchten, ausstellen. Verlag Oertel & Spörer, Reutlingen 2005.

Lothar Thormann: Kaninchenställe und Stallanlagen. Verlag Oertel & Spörer, Reutlingen 2005.

Esther Verhoef, Stefanie Menzel: Illustrierte Kaninchen- und Nagetier-Enzyklopädie. Dörfler, Eggolsheim 2007.

Johannes Winkelmann: Kaninchenkrankheiten. Verlag Eugen Ulmer, Stuttgart 2006.

ZDRK: Richtlinien von 1991 (Rückseite Vereinszuchtbuch), siehe bei Adressen

ZDRK: Lehrschriften, siehe bei Adressen

ZDRK: Rassekaninchenstandard 2004, siehe bei Adressen

ZDRK: Allgemeine Ausstellungsbestimmungen (AAB), siehe bei Adressen

## Internet

www.deutsche-rassenkaninchenzuechter.de

www.mendel-regeln.de

www.wikipedia.de

**Fachmagazin für Rassezüchter**: www.kleintiernews.de/

**Ovator-Kaninchenfibel:** http://ovator.de/main/mnuheimtierprodukte/mnukaninchen

**Tierschutzgesetz**: www.gesetze-im-internet.de/tierschg/

**Freilandhaltung von Kaninchen unter Verhaltens- und Gesundheitsaspekten:**

Eine Studie der Universität Göttingen vom Institut für Tierzucht und Haustiergenetik von 2009 ist im Internet als pdf erhältlich unter de.gge-cert.de/de/wo/qk/.../StudieFreilandhaltungKaninchen.pdf

## Adressen

Zentralverband Deutscher-Rassekaninchenzüchter e.V. (ZDRK)
Präsident: Peter Mickmann, Mittelfeldweg 19b, 27607 Langen
www.deutsche-rassenkaninchen-zuechter.de

ZDRK Standard-Fachkommission
Vorsitzender: Peter Mickmann, Mittelfeldweg 19b, 27607 Langen

Abteilung Clubs im ZDRK
Abteilungsleiter: Rainer Ehmann, Kernerweg 4, 73466 Lauchheim

Vorstand Kaninchen-Herdbuch (Normal- und Kurzhaar)
Vorsitzender: Wolfgang Wüst, Wilhelm-Leuschner-Str. 2, 50226 Frechen

Vorstand der Angorazucht
Abteilungsleiter. Hermann Schürmann, Auf dem Hehm 15, 49757 Werlte

Deutscher Preisrichterverband (DPV)
Vorsitzender: Dieter Meister, Uellendahl 71b, 42109 Wuppertal

**Landesverbände**

Landesverband Badischer Kaninchenzüchter e.V.
Untere Stöckstr. 17, 75180 Pforzheim. www.kaninchen-baden.de

Verband Bayerischer Rassekaninchenzüchter e.V.
Am alten Sägwerk 7,95349 Thurnau. www.kaninchen-bayern.de

Landesverband der Rassekaninchenzüchter Berlin-Mark Brandenburg e.V.
Biedermannweg 15, 14052 Berlin. www.kaninchen-berlin-brandenburg.de

Landesverband der Rassekaninchenzüchter e.V. Bremen
Neuenkamp 4, 27624 Lintig

Verband Hamburger Kaninchenzüchter e.V. (VHK)
Hoher Weg 3, 38274 Elbe.
www.kaninchen-vhk.de

Landesverband Hannoverscher Rassekaninchenzüchter e.V.
Vor den Beeken 18, 38268 Lengede.
www.lvh-kaninchen.de

Landesverband der Rassekaninchenzüchter Hessen-Nassau
Von-Brentano-Straße 16, 63073 Offenbach
www.kaninchen-lvhessennassau.de

Landesverband der Kaninchenzüchter Kurhessen e.V.
Im Rosengarten 8,
37269 Eschwege-Oberhone
www.kaninchen-kurhessen.de

Landesverband der Rassekaninchenzüchter Mecklenburg und Vorpommern e.V., Straße der Einheit 1,
19217 Schlagresdorf
www.rassekaninchen-mv.de

Landesverband Rheinischer Rasse-Kaninchenzüchter e.V.
Zur Kakushöhle 1 a,
53894 Mechernich
www.kaninchen-rheinland.de

Landesverband der Kaninchenzüchter Rheinland-Nassau e.V.
Im Wingertsberg 12,
56651 Niederdürenbach
www.kaninchenzuechter-rheinland-nassau.de

Landesverband der Kaninchenzüchter Rheinland-Pfalz e.V.
Im Flürchen 9, 67757 Kreimbach
www.kaninchen-pfalz.de

Landesverband der Rassekaninchenzüchter Saar
Steinstraße 16, 66636 Tholey
www.rassekaninchen-lv-saar.de

Landesverbandes Sächsischer Rassekaninchenzüchter e.V.
Cainsdorfer Weg 1, 08064 Zwickau
www.lv-saechsische-kaninchenzuechter.de

Landesverband der Kaninchenzüchter Sachsen-Anhalt e.V.
Bierer Straße 9, 39221 Welsleben
www.kaninchen-lsa.de

Landesverband Schleswig-Holsteinischer Rasse-Kaninchenzüchter e. V.
Moorkampsgrund 12,
25462 Rellingen
www.lv-u.de

Landesverband Thüringer Rassekaninchenzüchter 1990 e.V.
Aubitz 1a,
07616 Petersberg
www.lv-kanin-t.de

Landesverband der Kaninchenzüchter Weser-Ems e.V.
Wiardstraße 12, 26725 Emden
www.lv-weser-ems.de

Landesverband Westfälischer Rassekaninchenzüchter e.V.
Felstenstr. 6, 58091 Hagen
www.lv-kaninchenzuechter-westfalen.de

Landesverband der Rassekaninchenzüchter Württemberg und Hohenzollern e.V., Riedstraße 10,
73553 Alfdorf
www.kaninchen-wuertt.de

**Internationale Verbände**

Rassezuchtverband Österreichischer Kleintierzüchter (RÖK)
Bundesspartenobmann: Rainer Retschitzegger, Tambergau 18,
A-4573 Hinterstoder
www.kleintierzucht-roek.at

Kleintiere-Schweiz
Präsident: Armin Wyss, Sonnenau 125a, Ch-9108 Gonten
www.kleintiere-schweiz.ch

## Bildquellen

Arno Biergans: Seite 36, 38. Paul und Stefan Cremers: Seite 27. Christian Fothen: Seite 93, 135, 138. kleintier-news.de, Michael und Martina Gerker: Seite 25
Regina Kuhn: Titelfoto, Seite 3, 7, 11, 46, 47, 48, 51, 52, 53, 59, 61, 62, 65, 68, 71, 74, 83, 88 oben, 88 unten, 89, 91, 94, 97, 99 oben, 99 unten, 103, 104, 105, 107, 109, 111, 114, 117, 120, 123, 125, 130, 131, 134, 136, 137. Alfred Limbrunner: Seite 58. Christoph Schumacher: Seite 5, 35, 77, 85, 95, 98. Werner Winkens: Seite 33. Josef Wolters: Seite 19, 20, 21, 22, 23, 24, 26, 28, 29, 30, 31, 34, 39, 40, 42

Die Zeichnungen Seite 44, 45 unten und 55 fertigte Christiane Gottschlich, Berlin;
Seite 45 oben Kerstin Heß, Stuttgart;
Seite 75 Helmuth Flubacher, Waiblingen.

## Register

**Haftungsausschluss**
Die in diesem Buch enthaltenen Empfehlungen und Angaben sind vom Autor mit größter Sorgfalt zusammengestellt und geprüft worden. Eine Garantie für die Richtigkeit der Angaben kann aber nicht gegeben werden. Autor und Verlag übernehmen keinerlei Haftung für Schäden und Unfälle.

**Bibliografische Information der Deutschen Nationalbibliothek**
Die Deutsche Nationalbibliothek verzeichnet diese Publikation in der Deutschen Nationalbibliografie; detaillierte bibliografische Daten sind im Internet über http://dnb.d-nb.de abrufbar.


Wollgrasweg 41, 70599 Stuttgart (Hohenheim)
E-Mail: info@ulmer.de
Internet: www.ulmer.de
Lektorat: Dr. Eva-Maria Götz
Herstellung: Silke Reuter
Umschlagentwurf: Atelier Reichert, Stuttgart
Satz und Umbruch: Verlagsbüro Högerle, Horb
Druck und Bindung: Firmengruppe APPL, aprinta Druck, Wemding
Printed in Germany

**ISBN 978-3-8001-6713-5**